物联网环境下信任模型
及其应用研究

陈振国　著

U0336687

清 华 大 学 出 版 社
北京交通大学出版社
·北京·

内 容 简 介

随着智慧城市、数字医疗、智能家居等技术的发展和普及，物联网已经深入人们生产生活的各个领域，极大地便利和改善着人们的生产和生活水平，但其安全问题也日益凸显，如何保障物联网应用过程中的设备安全、通信安全、数据安全成为当下研究的热点。

本书从保障物联网中感知设备的可信和感知数据的可靠的角度出发，以感知数据为基础，并结合行为等因素构造了一个结构相对统一的信任框架模型，并对其应用形式进行了较为深入的研究。本书在概述研究背景、意义和动机的基础上，对当前物联网环境下的信任模型的研究及应用现状进行了较深入的分析，并就物联网环境下信任模型的设计及应用进行了五个方面的探索研究，取得了一定的成果。

图书在版编目(CIP)数据

物联网环境下信任模型及其应用研究/陈振国著.—北京：北京交通大学出版社：清华大学出版社，2019.3（2019.12重印）
ISBN 978-7-5121-3813-1

Ⅰ.①物…　Ⅱ.①陈…　Ⅲ.①互联网络-研究　Ⅳ.①TP393.4

中国版本图书馆 CIP 数据核字（2019）第 025287 号

物联网环境下信任模型及其应用研究
WULIANWANG HUANJING XIA XINREN MOXING JIQI YINGYONG YANJIU

责任编辑：谭文芳
出版发行：清华大学出版社　　　　邮编：100084　　电话：010-62776969
　　　　　北京交通大学出版社　　　邮编：100044　　电话：010-51686414
印　刷　者：艺堂印刷（天津）有限公司
经　　销：全国新华书店
开　　本：145 mm×210 mm　　印张：4.875　　字数：131 千字
版　　次：2019 年 3 月第 1 版　　2019 年 12 月第 2 次印刷
书　　号：ISBN 978-7-5121-3813-1/TP・872
印　　数：1001~2000 册　　定价：48.00 元

本书如有质量问题，请向北京交通大学出版社质监组反映。
投诉电话：010-51686043；传真：010-62225406；E-mail：press@bjtu.edu.cn。

前　　言

背景

　　自 1999 年物联网（Internet of things，IoT）的概念被提出以来，物联网在全球范围内获得了广泛的关注和认可，成为新一轮技术发展创新的动力，出现了大量的新技术、新产品和新的模式，其应用领域和应用范围不断拓展，已经逐步融入人们的生产和日常生活中。从智慧城市、智能电网、智慧农业、智能物流、智能家居到智能交通、车联网，再到应用于家庭的智能恒温器，智能电灯等设备，以及与身体健康相关的智能穿戴设备、雾霾监测系统等，每一种智能设备和系统的出现，都大大便利和提升了人们的生产和生活水平。但随之也带来了诸多的安全风险和隐私问题。在物联网环境中，智能的物理设备都能自发、自动地与其他智能设备或外部世界进行通信，这样就要求解决物联网中设备之间的信任问题。无处不在的物联网智能终端，诸如摄像头、智能恒温器等设备，在不定时地采集各种信息，也直接或间接地导致了隐私的泄露。此外，物联网的应用大多处于开放的环境中，所以很难定义一个安全的边界，并且也不能保证在感知、传输、处理或其他操作的过程中数据不会产生变化。在大规模的部署环境中，很难直接应用传统的安全策略和方法，因此如何保证物联网中数据的可靠和可信也成为当下研究的热点。

　　内容

　　本书从保障物联网中感知设备的可信和感知数据的可靠两

方面出发，以感知数据为基础，并结合行为等因素构造了一个结构相对统一的信任框架模型，并对其应用形式进行较为深入的研究。本书在概述研究背景、意义和动机的基础上，对当前物联网环境下的信任模型及应用现状进行了较深入的分析，并就物联网环境下信任模型的设计及应用进行了五个方面的探索研究，取得了一定的成果。本书第 3 章基于物联网中感知数据与感知设备的状态具有直接相关的特点，提出了一种数据驱动的信任模型设计方法；而后在第 4 章结合雾霾感知源数据敏感的特点，给出了一种利用监测数据构建信任模型并对雾霾感知源进行评价的方法；第 5 章将数据和行为等因素作为信任评价的依据，提出一种多因素信任模型，并对其在传感器数据融合方面的应用进行了探索；第 6 章则通过统计人与物之间的交互数据构造信任模型，再结合社会关系中朋友推荐策略，构造了一种基于交互信任的物联网隐私保护方法；第 7 章则通过统计物联网数据平台下用户的历史行为、用户之间的交互行为，构造了基于用户行为数据的信任评价方法，实现用户的异常检测及访问控制。最后对本书的主要研究成果进行了梳理和总结，并对后续的研究方向和研究内容进行了展望。

致谢

作者的研究工作得到了河北省物联网监控工程技术研究中心、廊坊市市级大数据智能处理与安全保障重点实验室的支持，得到了国家重点基础研究发展计划（973 计划）前期专项（2011CB311809），国家自然科学基金项目（61163050，61472137），河北省科技计划项目（15210703），中央高校基本科研业务费（3142015022，3142013098，3142013070）的资助。

　　本书的研究工作是在导师林闯教授的指导下完成的,感谢林老师的教诲和帮助;另外,也非常感谢田立勤教授对本书研究工作所提供的指导和帮助,感谢谭文芳老师在本书出版过程中所做的细致、辛苦的工作。

　　由于作者水平所限,加之物联网安全领域的新技术、新方法仍在不断地发展和变化,书中不足之处在所难免,恳请专家、读者指正。

作　者
2018 年 6 月

目　　录

第1章 概　　述

1.1　物联网发展进入新阶段

当前，面对世界经济复苏曲折的背景，以及以物联网、云计算、大数据等为代表的信息技术正在转化为现实生产力的历史机遇，各个国家纷纷利用自身优势加快在行业应用、传感器件等技术方面的布局，把握物联网新一轮的发展机遇。中国信息通信研究院2016年发布的物联网白皮书中指出，物联网应用在全球范围内呈现加速发展的态势，各种物联网应用的普及和技术的不断成熟，逐步推动网络技术进入万物互联的新时代，物联网已经逐步融入人们的生产和日常生活中。从智慧城市、智能电网、智慧农业、智能物流、智能家居到智能交通、车联网，再到应用于家庭的智能恒温器，智能电灯等设备，以及与身体健康相关的智能穿戴设备、雾霾监测系统等，每一种智能设备和系统的出现，都大大便利和提升了人们的生产和生活水平[1-7]。

另外，传统产业的智能化升级成为进一步推动物联网创新发展的契机，而规模化消费市场的兴起则加速了物联网的推广和扩展。面对经济下行的压力和新技术的出现，各重要国家都制定了新的工业发展的战略方案，如美国的"先进制造业伙伴"计划、德国的"工业4.0"计划和中国的"中国制造2025"计划等。这些都奠定了物联网作为工业互联网、智能制造发展的基础，成为生产能力加速提升和服务化转型的主要推动者。

从全球范围来看，物联网技术及应用的发展进入到新的阶段。各主要国家构建了基于物联网的立体化信息采集网络，实现了对多种信息的全面实时采集，同时开展各领域应用技术的研发和试验示范，推动了物联网在各领域应用的发展。2016年统计，美国的物联网支出将从 2 320 亿美元增长到 2019 年的 3 570 亿美元，复合年增长率将达到 15.4%，并重点推动智能传感器、数据分析和系统控制的研发、部署和应用。欧盟则通过"地平线 2020"研发计划，在物联网领域投入近 2 亿欧元，推动物联网集成和平台研究的创新，重点在智慧城市、智能农业和食品安全等领域开展大规模示范，为物联网的应用扩展奠基。日本、韩国和俄罗斯同样在物联网领域持续加大推进力度，预计日本 2020 年物联网的产业规模将达到 138 000 亿日元；韩国则准备在未来 10 年投入超过 2 万亿韩元的研究基金，推动智慧城市等九大项目的实施；俄罗斯则首次对外宣称启动物联网研究和应用部署，预计 2020 年至少实施 20 个试验项目。我国物联网的发展在政府、行业等的共同努力下，取得了显著成效，2015 年的产业规模超过 7 500 亿元，年复合增长率超过 25%，新制定或梳理相关标准 900 余项，已形成环渤海、长三角、泛珠三角及中西部地区四大产业聚集区，在智能制造、智慧城市、车联网等领域取得了长足发展。据国际数据公司预测，到 2020 年全球物联网的市场规模将达到 7 万亿美元[8]。

1.2 物联网安全问题日益凸显

随着物联网、云计算、大数据等新技术的兴起和不断地发展成熟，其应用领域也在不断地拓展，由此带来的安全问题日益受到人们的关注。物联网的基础与核心仍然是互联网，物联网是互联网的延伸，而云计算、大数据等技术则使得物联网的应用架构更为完整。因此物联网不仅天然携带了互联网的安全问题，同时由于其自身网络泛在、全面感知、可靠传输和智能处理等特征，使得物联网面临的安全威胁更为突出，不仅会产生重大的财产损失和隐私问题，甚至会威胁到生命安全。如2010 年爆出的震网病毒就对多国的电力系统造成了大规模的破坏[9]；2016 年 Mirai 僵尸网络通过感染网络摄像头等物联网设备进行传播，对 DNS 提供商 Dyn 发起了拒绝服务攻击，造成大面积断网[10]。另外，当前国家、行业和个人的物联网安全和隐私保护意识薄弱，而物联网应用所部署的很多信息采集设备都会直接或间接地暴露用户的隐私信息，Pew 研究中心最新的统计结果表明，52% 的患者同意共享其医疗数据，44% 的用户同意共享其居住环境的数据，这些都存在巨大的安全和隐私泄露的风险[11]。同时，物联网设备生产相关企业大多认为增加安全措施不会对其产品的市场销售有太大的促进作用，而且还会增加额外的成本，因此物联网中的大量设备存在无安全措施或者仅有简单的安全策略的状况[12]，这使得物联网中的设备极易受到伪装、捕获、数据泄露和篡改等攻击。

　　近年来，世界范围内由物联网引发的安全事件更加频繁且严重。2016 年 8 月研究人员发现了汽车遥控钥匙的两大漏洞，黑客可利用技术手段非常容易地入侵汽车遥控门锁系统，致使全世界有一亿辆汽车受到影响。2016 年 11 月俄罗斯五家主流大型银行遭遇来自 30 个国家 2.4 万台智能设备构成的僵尸网络持续两天不间断的 DDoS 攻击，攻击源和攻击形式多样，该僵尸网络不仅包含计算机，还包括物联网设备，甚至微波炉之类的家用电器也牵扯其中。面对这些问题，互联网提供商使用的标准安全手段难以发挥作用。在我国，物联网带来的安全问题也非常严峻，某公司安全团队发现了多个汽车的云漏洞，并攻破了某些智能家居、豆浆机、智能烤箱等设备的控制系统。这些都表明，物联网的安全问题日益凸显。

鉴于物联网与大数据的紧密联系，因此在物联网快速发展的当下，物联网应用所产生的数据规模越来越大，每个人都是数据的产生者、拥有者和消费者，而数据在采集、传输、处理和应用中面临着诸多安全风险。在物联网中的应用，若安全问题不能有效解决必然导致数据的不可信和虚假，而虚假数据将导致错误或无效的数据分析结果。另外，数据来源形式多样，可以是人们在（移动）互联网活动中所产生的各种信息，也可以是各类计算机信息系统所产生的数据，也可以是各种感知设备所感知或采集的数据。每一种来源都存在复杂的数据产生、传输环境，再加上数据在存储过程中所面临的各种风险，这些都有可能导致数据的无效，因此如何保障物联网数据的可信与有效也成为当前研究者关注的重要问题[13-16]。

1.3　研究动机与意义

1.3.1　研究动机

本书的主要研究目标是以感知数据和结点行为为基础，力图构建结构相对统一的信任框架模型，并对其应用策略进行研究，实现物联网中结点、数据的安全可靠。之所以以此为研究目标，主要有如下几个方面的原因。

（1）信任模型利于物联网的应用场景

在物联网应用场景中，很多物理设备都是资源（计算、存储、能量）受限的，使得传统算法难以有效发挥作用，即便进行了轻量化处理，资源消耗仍较多，而信任机制则可以充分利用物联网已有的信息，实现对物联网中的设备和数据的安全保障，且计算、能耗开销小，适合资源受限的环境。

（2）物联网中的感知数据对结点状态具有直观反映

通过分析发现，有很大比例的物联网应用都有感知或捕获数据的需要，并且很多情况下，所感知或捕获的数据存在时间上连续、非跳跃的特点。而对于具有感知或捕获数据功能的物联网应用，其所感知或捕获的数据的可靠与否是结点状态是否正常的直观反映，因此可以通过感知数据的分析对结点的状态进行判断，从而发现并剔除异常数据确保感知数据的可靠。

（3）在感知数据的基础上考虑其他影响因素实现信任模型构建可提升信任评价的效果和准确性

感知数据能够直观地反映结点的状态，而结点的行为同样是结点状态的一个直观体现，因此结合数据和行为等多个因素可以实现更为准确的评价。

1.3.2 研究意义

随着物联网技术的发展和普及，物联网的安全问题成为我们不能回避的话题，与其他传统网络相比，由于物联网自身的开放性和资源有限的特点，使得它极易受到非法的入侵和攻击，因此对物联网的安全性进行研究，构建物联网环境下的安全策略具有非常重要的理论和现实意义。

物联网是大数据的重要来源之一，例如各个城市的视频监控每时每刻都在采集巨量的流媒体数据，工业设备的监控也带来了巨量的数据。物联网大数据在收集、传输、存储和使用过程中面临着诸多安全风险，虚假数据将导致错误或无效的大数据分析结果，因此保障数据本身的可用性至关重要。另外，大数据也为信息安全提供了一种新的研究思路和手段，如果数据量够大，即使是表面看起来互不相关的数据，也能挖掘出用户的行为规律。通过大量分散的数据信息对某些感兴趣的事件、对象进行监测和行为预判，反过来也可以对数据感知及数据传输过程中的不可靠和低效的行为进行修正。

　　针对物联网及大数据安全的研究已有一些成果，但整体来看仍然处于起步阶段，结合物联网应用和部署的特点，研究物联网的安全控制策略及数据可用性保障机制是非常有意义的。

1.4　研究内容与贡献

　　基于上述研究背景与动机分析，本书的主要研究工作围绕物联网环境下数据驱动的信任模型及其应用等问题进行研究，研究的内容主要包括以下几个方面。

　　（1）数据驱动的信任模型设计

　　为了解决物联网中结点异常检测和数据可靠可信的问题，给出一种数据驱动的信任模型，该模型通过构建评测单元，借助所感知的数据存在非跳变性及区域相似性的特点，实现基于数据驱动的信任计算。由结点自身的实时和历史数据得到直接信任，并通过评测单元中的伴生结点、判决结点和工作结点之间数据的相关性，实现监督信任的计算。评测单元内工作结点之间的数据是相似的，由此可实现单元推荐信任的计算。再结合历史信任，可得到该结点综合信任值。该模型可用于结点的异常检测和数据的可靠性保证，实验证明该模型具有结点感知数据可靠、灵活可扩展等特点，能够有效提高物联网数据源头的可靠性。

　　（2）雾霾感知源信任评价机制

　　为了及时发现异常雾霾监测点，降低错误数据的产生，给出一种雾霾感知源信任评价方法。在该方法中将每个雾霾监测点作为一个整体，基于该监测点所监测的数据指标存在连续性，以及在一定区域内的监测点之间所监测的数据具有关联性的特点，可以得到数据信任和邻居推荐信任，再结合历史信任得到综合信任。从而使用信任值可以实现雾霾监测点可靠性的评价，剔除异常监测点，降低错误数据，实验结果表明，该方法能够有效地评价雾霾监测点，发现异常。

（3）多因素信任模型设计及应用

无线传感器网络是物联网感知层的一种重要形式，为了检测无线传感器网络中的异常结点并保证所感知数据的可靠、可信，给出了一种集合数据和行为评价的多因素信任模型，并构建了信任列表，用于实现异常结点的筛选，同时也可以使用信任列表指导数据融合的过程，确保融合数据的有效性。该模型中涵盖了数据信任和行为信任两部分内容，可以更好地对结点的状态进行评价。数据信任涵盖了直接数据信任、区域相对信任和历史信任三个内容；行为信任则包括了直接行为信任和历史行为信任。采用了 OMNeT++ 搭建仿真平台，仿真结果表明在结点节能、异常检出率等方面具有显著提高，同时能保障融合数据的可信。

（4）基于交互信任的物联网隐私保护

物联网的快速发展，使得人与物的交互成为一种常态，为了保障人的隐私信息不被非法或非授权的访问，本书给出了一种基于交互信任的物联网隐私保护方法。该方法首先构建信任评价模型，模型中通过人与物之间的交互过程建立信任关系，并在朋友之间可实现信任关系的传递，由此计算得到直接交互信任和朋友推荐信任，并结合历史信任，得到人和物之间的综合信任，通过该综合信任值实现人与物交互过程中的授权控制。仿真结果表明，该方法能够有效地保护人的隐私信息，并降低物的通信开销，降低了能耗。

（5）基于用户行为数据的信任评价方法

物联网的兴起，对数据存储和处理的需求增加，构建专门的用于物联网数据存储的网络化平台成为必然，随着物联网应用的进一步拓展，物联网数据平台用户访问量激增，为了提高物联网数据平台的安全性，及时发现异常或非法的用户，本书给出了一种基于用户行为数据的信任评价方法，该方法通过对物联网数据平台下用户的行为数据进行统计分析获得对该用户的直接信任。通过对同平台或跨平台的用户之间的交互结果获得用户的推荐信任，再结合用户的历史信任，得到综合信任值，根据综合信任值，实现用户的异常检测。仿真结果表明，该方法能够对用户进行有效的评价，并能及时发现异常用户。

本书所给出的五个研究内容之间存在一定的逻辑关系，其基本关系如图 1.1 所示。

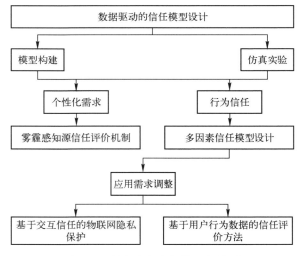

图 1.1　研究内容之间的逻辑关系

如图 1.1 所示，数据驱动的信任模型设计是本书的研究核心，后续的研究以此为基础展开。首先结合具体的应用需求，对模型进行改造，如结合雾霾监测中的数据及分布的特点，对数据驱动信任模型的具体实现进行调整，研究实现了雾霾感知源信任评价机制。然后将数据驱动的信任模型与行为信任结合构建了多因素信任模型，并对信任数据融合机制进行了研究。而后再结合物联网隐私保护和物联网数据平台用户行为评价等方面的特定需求，研究了基于交互信任的物联网隐私保护方法和基于用户行为数据的信任评价方法。

1.5 本书的组织结构

本书共分 8 章，各章具体内容组织如下。

第 1 章主要阐述了本书研究的动机与意义，介绍了物联网最新的发展状态及安全现状，对本书的研究动机进行了分析，总结了本书的主要内容和贡献，最后对本书的篇章结构进行了说明。

第 2 章主要在介绍本书所涉及的基本概念的基础上，对信任机制、物联网安全、物联网信任研究、物联网隐私保护等方面的研究现状进行了整理分析。

第 3 章针对数据感知是物联网一种重要的应用场景，提出结合感知数据实现感知结点的信任评价的方法，构造了数据驱动的信任模型，并给出了模型中直接信任、监督信任、单元推荐信任、历史信任和综合信任的计算规则和方法。

第 4 章针对雾霾监测点异常、错误数据过多的问题，提出了雾霾感知源信任评价的方法。通过对每个监测点及相邻监测点所监测数据的分析，实现各种信任值的计算，最终得到对监测点进行评价的方法。

第 5 章基于物联网中结点具有数据和行为两种能直观反映结点状态的特征信息，为了提高物联网结点信任评价的准确性，提出了多因素信任模型的设计方法并将其用于数据融合过程中。

第 6 章针对物联网人与物交互过程中的隐私问题，提出一种基于交互信任的物联网隐私保护方法，通过对交互行为的分析，构建了基于交互行为的信任模型并用于实现隐私信息的访问控制。

第7章针对物联网数据平台中用户异常状态检测的需要，提出一种结合用户行为数据的评价方法，实现物联网数据平台下用户的异常检测和访问控制。

第8章总结全书，并提出了未来研究方向及可以继续深入研究的内容。

第2章 国内外研究现状

随着物联网技术及应用的不断发展，物联网安全问题也越来越受到诸多研究者的关注。本章针对物联网的逻辑结构、信任、数据融合和隐私保护等相关概念进行了介绍，并对信任机制、物联网安全、物联网信任研究、物联网隐私保护等方面的相关研究现状进行了综述。

2.1 相关概念

2.1.1 物联网的逻辑结构

物联网是近年来研究和应用的热点，其基本概念可描述为：把所有物品利用条码、射频识别（radio frequency identification，RFID）、传感器、全球定位系统（global positioning system，GPS）、激光扫描器等信息传感设备，按约定的协议，实现人与人、人与物、物与物在任何时间、任何地点的连接，从而进行信息交换和通信，以实现智能化识别、定位、跟踪、监控和管理的庞大网络系统。

物联网逻辑结构的划分目前尚没有一个国际统一的标准，但通常可将物联网的结构归结为 3 个逻辑层次，依次为感知层、网络层（又称传输层）和应用层，如图 2.1 所示。

感知层主要负责从人类世界或物理世界中获取数据，通过 RFID、GPS、传感器、摄像头等各类智能设备获取原始数据。感知层是物联网不同于传统互联网的核心，物联网的最终目标

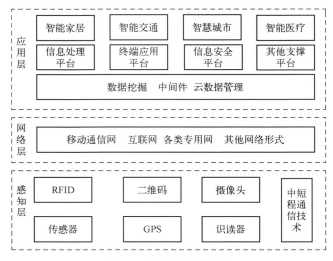

图 2.1　物联网逻辑结构

是实现万物互联，为此感知层发挥着关键作用。感知层主要涉及的安全问题包括物理设备的安全、数据安全和通信安全。

　　网络层解决的是在一定范围内，通过各种有线或无线的网络技术，把感知层收集的信息高效安全地传递到应用层。因此网络层主要包括因特网、移动通信网和一些专用网络。网络层主要的安全问题是通信安全及相关通信设备的安全。

　　应用层解决的是信息处理和人机界面的问题。应用层是物联网的最上层，也是最终用户直接接触的层次，目前还没有一个统一的标准，可以根据所提供的服务通过多种形式进行构建。应用层会将接收到的数据进行智能处理，并将处理后的数据传送给用户、企业或管理部门的应用程序，为用户提供相应的服务。因此该层的内容相对比较宽泛，包括各类业务支撑平台、网络管理平台、信息处理平台、信息安全平台和终端应用平台等，通常采用数据挖掘、云计算等技术协同完成任务。应用层主要涉及的安全问题是在数据处理和应用过程中产生的安全问题，以及对敏感数据的保护。

2.1.2　信任的定义与分类

1. 信任的定义与性质

在人类社会中，信任是人们进行交易、合作等活动的基本要求，信任使人们能够处理由对方的行为而带来的不确定性，通过过往的交易合作经历对对方的可信程度进行评估。信任概念最初产生于社会学领域，并进一步扩展成为一个跨学科交叉性的问题[17]，因此信任也随着实际应用场景的不同而不同。在互联网安全领域，为了识别和选择可靠的交互对象，引入了信任机制，在此信任是一种安全策略，主要用于实现内部的攻击防御，建立开放式网络中对象之间交互的信心，降低交互的风险[18]。Gambetta 给出了信任在计算机领域的定义：信任是一个对象在被监控到某种行为之前，执行特定行为的概率。在此，信任被看作一种概率，并具有主观性、可能性预期及相互影响等特征。Mayer 等则将信任定义为"信任方基于对受信方行为的预测，并愿意承担相信受信方而带来的风险"，在此信任被看作一种风险的评估机制。Momani 等则提出了数据信任和通信信任的概念，对互联网安全中的信任形式能够给出更为清晰的描述。结合物联网的特点，范雯娟在文献 [19] 中对信任的一些共同性质进行了总结，简介如下。

① 信任是主客观结合的：信任值是由观测者根据自身以往经验或其他客观知识得到的。

② 信任是动态变化的：信任会随着时间、状态及其他影响因素的变化而不断更新。

③ 不确定性：信任只能依靠以往的交互历史或知识进行评估，若过往交互历史或知识较少，则不确定性大。

④ 易失难得：信任的提升相对于信任的降低需要更多的时

间或交互次数，也就是说，信任更容易失去，而获取则相对更困难。

⑤ 不对称性：由于信任的主观性，使得 A 对 B 的信任不等于 B 对 A 的信任。

⑥ 信任是上下文相关的：信任必须和特定的上下文环境相关，只有明确了具体的行为或知识后才能确定信任关系。

⑦ 不完全传递性：一般存在传递关系，但不完全，也就是说 A 信任 B，B 信任 C，并不一定有 A 信任 C。

⑧ 多因素性：需要结合上下文环境建立信任模型，考虑多方面因素的影响。

2. 信任的分类

Zucker[20]根据信任产生的来源和演化机制对信任分类如下。

① 过程的信任：信任来源于对象的行为记录。

② 特征属性的信任：信任来源于对象之间属性的相关性。

③ 机构的信任：信任来源于对象所在的机构。

另外，根据获取方式也可以把信任分为直接信任和间接信任。直接信任就是指借助于直接交互或直接知识得到的信任；间接信任则指借助于第三方推荐而得到的信任值，又可称为推荐信任。

2.1.3　信任的计算评估方法

信任的评估取值可以采用连续的区间，也可以是离散的若干个取值，每个取值代表不同的信任程度，目前常见的信任计算方法如下。

（1）简单的加法平均或加权平均

此种方法可对结点的每个感知数据或行为评估值进行简单的相加求均值或者以特定的权值进行加法平均。

（2）采用概率密度函数的计算评估方法

在该方法中，采用[0,1]区间的概率值实现结点之间信任值得计算，1 代表完全信任，而 0 则表示完全不可信。此方法以结点观察得到的两类事件（肯定事件和否定事件）的后验概率的 Beta 函数为基础，采用统计计算的方法，实现结点信任值的更新。

（3）采用主观逻辑的求取算法

在计算中使用主观逻辑对信任关系进行评估和扫描，构建一个包含信任、不信任和不确定的三元组实现主观信任的描述。

（4）采用模糊逻辑的信任求取方法

在信任计算中将不能精确描述的信任模糊化，实现各个级别信任度量。

另外，在信任的计算过程中，还需要结合具体的应用场景和基准规则，选择不同的方法表示和评估信任的程度。

2.1.4 数据融合

"数据融合"的概念出现于 20 世纪 70 年代，90 年代获得快速发展，是支撑物联网广泛应用的关键技术之一，是针对多传感器系统提出的。数据融合是用于解决多传感器系统中的信息多样性、数据量的巨大性、数据关系的复杂性等问题的一种有效技术。其概念可描述为：数据融合是充分利用不同时空的多传感器信息资源，利用计算机技术对时序获得的若干感知数据，在一定准则下加以分析、综合、支配和使用，获得对被测对象的一致性解释与描述，以完成所需决策和评估任务而进行的数据处理过程[21]。

由数据融合的定义不难看出，数据融合的过程是分层次逐步完成的。通常可表述为三个层次上的处理：

一是针对传感器感知的数据进行预处理，可通过时空校对、坐标系变换等方法进行，可称之为数据层融合；

二是通过对感知数据提取有代表性的特征，获得特征矢量，而后融合这些特征矢量，并做出基于联合特征矢量的属性说明，可称之为特征层融合；

三是对整体态势的把握和评估，得到目标的一致性解释与描述，可称之为决策层融合。

按照融合数据的位置，可以将数据融合划分为集中式和分布式两种形式。

集中式的基本实现机制如图 2.2 所示。

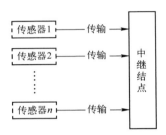

图 2.2　集中式数据融合结构

从图 2.2 可以看出，在集中式的数据融合策略中，各个感知结点将感知到的数据发送给其中继结点，由中继结点对数据进行集中的处理。此种方式实现简单，但由于要求所有结点将未经处理的数据传送给中继结点，会带来较大的通信开销，中继结点负载较重。

分布式数据融合则是由感知结点预先对数据进行初步处理，然后再将其传输给中继结点，由融合结点完成最后的处理任务。由此可知，分布式融合机制能够在一定程度上降低通信开销和能量开销，但其不足是增加了感知结点的负担。其基本结构如图 2.3 所示。

除此之外，在实际应用中为了提升融合的效果，往往采用混合式的融合结构，从而可以在一定程度上克服单一结构的缺点。

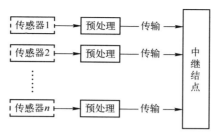

图 2.3　分布式数据融合结构

　　按照融合中所采用的方法不同，物联网中数据融合可分为两种形式：一种是采用数学方法对可量化的感知数据进行融合或压缩，如采用贝叶斯条件概率[22]、D-S 证据理论[23]、人工神经网络方法[24]等；另一种是采用语义网相关技术，通过将不同自治区域内的语义实体映射到高层抽象模型，实现异构数据的相互理解[25]，或者使用自动匹配的方式实现不同语义模型间的统一和互操作[26]。

　　而在物联网应用场景中，由于应用领域及监测信息的多样性，再加之为了节约资源开销的需求，数据融合技术已成为物联网必需的技术之一。

2.1.5　隐私保护

　　隐私就是个人、机构等不愿被外界知道的信息。从所有者的角度来看，隐私可分为两类：个人隐私和共同隐私。隐私保护就是对个人或机构等实体实施敏感信息的完整控制提供充足的技术防护手段[27-30]。

1. 隐私保护的方法

　　当前隐私保护主要用于数据挖掘、数据库、电子交易等领域[31]，主要采用简单匿名保护、数据扰乱技术和密码学的方法等实现。

（1）简单匿名保护

简单匿名保护通过将一些明显代表目标身份的信息隐藏，再对外发布。主要应用于数据挖掘领域，但由于此种方式仅能对少量关键身份信息进行隐藏，而挖掘者仍然可以通过挖掘其他非隐藏的信息实现身份的识别。

（2）数据扰乱技术

数据扰乱通过匿名、添加随机的变量或偏移值、替换等方法替代原数据中的敏感信息。主要有数据清洗、数据屏蔽、数据泛化、随机扰乱等技术。其中，数据清洗主要是通过数据记录修改移除等策略，实现特定规则的隐藏；数据屏蔽则是将数据中的特定隐私属性用问号替换，从而实现敏感信息的保护；数据泛化则是一个进一步抽象的过程，用进一步抽象的信息替换原有的实际数据；随机扰乱则通过随机值与原数据进行叠加，从而实现原始数据的变化，实现保护原始数据的目的。数据扰乱技术的主要优势是计算花费较少，隐私保护强度与数据扰乱强度正相关。

（3）密码学的方法

密码学在隐私保护领域占有重要的位置，目前主要采用非对称密码学的方法实现隐私的有效控制，常用的算法包括公钥密码机制、同态加密算法等。密码学方法由于需要增加附加运算，因此其计算开销较大。

2. 隐私保护的解决策略

在物联网中，由于物联网结点存储、计算等资源受限，通常需要将资源占用比较大的运算放在专门的服务器端来完成，由此而带来了诸多隐私泄露的风险。另外，物联网环境下人-人、人-物、物-物交互的增加，在交互过程中也存在大量隐私泄露的问题。

为了解决物联网的隐私问题，大体需要在如下几个方面给出有效的解决策略。

（1）数据隐私

物联网中人、物的数据都面临着诸多的隐私挑战，既包括传输过程中带来的被捕获、被截取的威胁，同样也有在数据共享过程中带来的数据滥用的风险。在人-物交互过程中同样也存在对数据的非授权的访问，这些都会带来数据隐私的问题。

（2）计算隐私

在数据处理过程中，物联网也同样面临隐私泄露的问题，如何确保仅有被授权的数据接收方对数据的运算结果进行访问，也是需要研究解决的问题。

（3）可验证性

当借助第三方平台进行数据处理时，当第三方平台处于不安全的状态下，如何确保第三方平台处理的结果仍然是有效的，或者提供一种能对其处理结果进行有效验证的手段，也是隐私保护需要考虑的问题之一。

（4）高效性

物联网中的设备有很多都是资源受限的，因此如何设计轻量级的隐私保护算法，使其计算、存储、能耗等开销尽可能的小，也是在研究物联网隐私保护时需要关注的内容。

2.2　信任机制研究

随着网络技术的普及和物联网、云计算、大数据等新技术的兴起，人类的生产、生活方式获得了极大的改善，但同时网络的可靠性和安全性也同样面临更多复杂的问题和挑战。因此研究可信网络及信任机制是提升网络可靠安全的必要部分，为此美国国家科学基金 NSF 继续支持信息空间信任（CyberTrust）

的研究项目，美国国家研究委员会也提出信息空间信任研究建议，其目标是提高美国的信息安全和信息信任。正如美国工程院院士 David Patterson 教授所指出："过去的研究以追求高效行为为目标，而今天计算机系统需要建立高可信的网络服务，可信性必须成为可以衡量和验证的性能。"早期可信研究主要以信任评估、管理为主，部分研究了基于信任的网络应用问题，但仍没有解决信任在实际网络应用中存在的两个重要问题：信任评估的共识和可靠性问题，因此针对不同的领域和场景研究出有效的评价标准和可靠的可信评估机制仍然是目前研究可信的最重要问题之一。近年来很多学者对可信、信任、信誉等问题给出了一系列的研究成果。针对网络自身可信的问题，学者从可信网络的安全性、可生存性和可控性等角度阐述了可信网络的概念，对信任与可信网络的研究起到了奠基的作用[32]。而后为了实现网络的可信性，研究者从多个角度研究了信任评价的问题，提出了多种用于信任评价的机制，用于保障可信网络的实现。其中行为可信是可信网络中一个重要的研究内容，林闯等从服务提供者、网络信息传输和终端用户三个层面研究了行为可信的内容，为可信网络的进一步研究提供了思路[33]。此后对于信任策略的研究呈现出多样性，不再局限于单纯应用于互联网领域，在更多的应用场景中引入了信任的研究机制，为网络、系统、平台等的安全性提供保障。

在针对信任的研究方法上，也体现出百家争鸣的态势，给出了多种形式的信任模型。按照信任的表示及信任的计算方法不同，主要分为基于概率的信任模型、基于模糊理论的信任模型、基于灰色系统的信任模型和基于云计算理论的信任模型。

其中基于概率的信任模型采用概率的方法描述信任值，如 Beth 信任模型[34] 和 Jøsang 信任模型[35]，其中 Beth 信任模型给出了直接信任和推荐信任的概念，以概率和经验推荐确定信任值，但由于其对直接信任的定义过于严格，使得信任难以反映信任关系的真实情况；Jøsang 信任模型则以二项事件后验概率的β分布函数为基础提出，模型使用事实空间和观念空间描述和度量信任关系，通过构建一个四元组实现信任值的计算。

在基于模糊理论的信任模型中，则采用多个模糊子集合定义具有不同信任值的主体集合，运用模糊综合评判得到主体的信任值，较好地解决了信任模糊性的问题[36-38]。

基于灰色系统的信任模型，则是在信任模型中引入灰度的理念，使用灰元代表信息不完全的元素，灰数代表信息不完全的数，灰变量代表信息不完全的变量。在评价过程中由实体构成的集合定义为聚类实体集，评价实体构成客户集，以客户对实体关键属性的评分构建评估证据，使用灰色关联分析技术实现灰色信任度的计算[39]。

云模型能够较好地解决信任中定性和定量的转换关系，利用云模型下的信任期望、信任熵和信任超熵实现信任的表达，并构建了信任云的概念[40-42]。

2.3　物联网安全研究

物联网中包含不计其数的感知终端，复杂多样的通信形式和庞大的数据存储及处理中心，构成了一个标准的"终端—传输管道—云端"的架构，该架构由感知层、网络（传输）层和应用层构成，每个层次都存在多种形式的安全威胁[8]。

感知层的主要功能是负责数据的感知、物体的识别和捕获，是实现物联网全面感知的核心，也是保障感知数据可靠和可信的源头，所以其安全策略主要是围绕保障所感知数据的完整性、机密性和可鉴别性来展开的。一般感知层存在诸如传感器、射频识别设备等多种形式的采集设备，因此主要是以物理和系统安全为主，此外为了与传输层设备进行通信，必然也涉及部分传输安全的问题。由于物联网应用环境的开放性和无人值守的特点，使得感知层在物理安全方面面临更严重的威胁，例如结点更易被攻击者破坏、捕获[43]，攻击者借助侧信道分析易于实现对感知数据或用户行为的窃取和推测[44-45]。感知层设备存在资源受限的特点，因此传统的安全策略无法直接应用于这些特定的设备，为了解决系统中的高危漏洞，研究者给出了轻量型的解决方案[46-50]。

网络层的主要功能是实现感知数据存储及可靠、安全、高效的传输，包括移动设备、云计算和互联网[51]，因此所面临的安全问题也很复杂，包含算法破解、协议破解、中间人攻击等多种方式。总的来看，为了解决网络层的安全问题重点需要保障两个方面：传输管道自身的安全和传输内容的安全。网络层的安全主要通过提供安全的协议、接入认证机制和高效加密算法的方式实现。例如，基于低开销的考虑，研究人员提出了一些轻量级的访问控制和认证解决方案[52-54]，这些方案一般采用预先分配密钥的机制实现，但这种方案只适用于特定设计的程序，无法成为通用的控制策略，并且可能不支持大型的网络。此外这些方案在使用对称密钥机制时，很难保证消息的不可否认性。单纯的访问控制和认证难以保证传输的安全，通常在网络层为了确保传输的安全和内容的安全会引入密码学的方法，或者设计专门的安全协议实现。由于物联网应用场景的开放性和资源受限的特点，使得传统应用于互联网的密码学算法或安全协议难以直接有效地发挥作用，因此很多研究人员研究了轻量级的算法，如轻量级的密码学算法等[55-59]。

物联网应用层主要负责完成信息处理和应用，实现识别、定位、跟踪和监控等功能，该层与实际应用密切相关，目前还没有统一的标准。应用层通常包括中间件、机器对机器

（machine-to-machine，M2M）通信协议、云计算和服务支撑平台等[60]。因此应用层的安全问题大多来自新业务及新应用的各种支撑平台，如采用同态加密算法实现云端数据隐私保护[61]。针对智能医疗设备的安全性，有学者提出了专用的测试框架[62]及恶意软件的检测方法[63]。在智能电网领域，则重点解决用户信息隐私保护的问题，研究者大多采用同态密码的机制解决此类问题[64-66]。

随着物联网的发展，物联网的应用领域越来越多，不同的应用需求会产生不同的安全问题，需要个性化的安全策略，诸如智能家居、智能医疗、智能汽车、智能电网及工业生产领域。

随着智能家居的普及，各种私有信息被智能家居中的物理设备保存和处理，这在带来人们生活便利的同时，也带来了诸多的安全隐患。例如，温度传感器可以记录家庭里的实时温度信息[67]，网络摄像头可以拍摄到家中的实时状态，如果没有有效的安全防范策略对这些信息进行保护，必然导致隐私的泄露。因此在智能家居的研究中，研究人员通过监测智能家居系统中的控制流和数据流来解决隐私泄露的问题[68]。但此方法无法有效防范智能家居系统中物理设备之间联动所带来的安全隐患，即当某个设备被控制时，可通过被控制的设备对其他设备发动攻击而不被发现[69]，此类问题可构建设备间的信任模型来实现。

智能医疗中的数据和设备安全也同样面临严重威胁，对人体嵌入式设备的恶意控制会严重威胁人们的生命安全，而医疗智能设备所采集的隐私信息在诸多医疗单位之间的共享，虽然更利于患者的病情诊断，但也带来用户私人信息泄露的风险[70]。对于医疗设备的安全，则大多通过构建专用测试框架和恶意软硬件检测的方法来保障。而针对隐私的泄露问题，则主要采用同态加密的策略，让医生仅具有只读权限。另外董晓蕾分析的动态可撤销权能的多级隐私保护模型也对医疗数据方面的隐私保护有较好效果[71]。而 Henry 等则通过人体肠道生物特征的变化实现智能医疗设备行为的异常检测，从而判定是否具有攻击行为产生[72]。

在智能汽车领域，由于集成了大量的物联网部件，而又没有关注其安全策略，因而导致大量漏洞出现[73]，使得借助电子攻击实现汽车盗取的案件日益增多。同时，由于汽车系统大多由厂家独有，学术界难以对其安全问题展开研究，因此主要面向控制器局域网总线技术[74]和智能汽车云服务的隐私泄露[75]等问题开展研究工作。

智能电网是相对比较成熟的物联网应用，因此其安全问题的研究也最早，初期主要集中在通信协议的安全研究上[76]。随着智能电网的普及，用电信息及用户用电习惯等私密数据的泄露受到关注，使得更多的研究者将目光转移到用电过程中隐私保护机制的研究上，所采用的算法也大多是同态加密等算法。在工业生产中，越来越多的设备联入到互联网络中，除了智能电网设备之外，像闭路电视、数字视频记录仪等设备也被大量接入，由于这些设备在设计时未考虑会受到网络攻击的情形，因此面临更加严重的安全威胁[77]。为了解决此类问题，当前的研究人员大多通过设计入侵检测与防御系统的方式解决[78-80]。

另外，在智慧城市、智慧农业等领域也同样存在大量的安全漏洞，面临诸多的安全挑战，研究者也给出了一些研究成果，为确保这些领域的安全起到了积极作用。如 Neisse 等人给出了一种物联网数据的保护机制，通过在物联网设备的管理框架中集成一种基于模型的安全工具包，可以提供规范和有效的安全评估策略，保护用户数据，通过在智能城市场景的应用，证明其是可行的[81]。

通过以上分析可以看出，当前与物联网相关或由物联网所带来的安全问题越来越多，而与之相应的解决策略稍显不足，因此研究物联网及相关的安全问题是物联网进一步扩展应用的迫切需要。

2.4　物联网的信任机制研究

当前大量的研究工作解决了物联网的网络联通性问题，部分解决了服务的质量、节能和覆盖等问题。但随着物联网应用的普及，在物联网环境下，为了能够充分有效地发挥各个智能设备的作用，就必然要求能够确保物联网的安全，因此近年来，诸多专家学者针对物联网的安全问题开展了多种形式的研究。信任机制是人类社会活动和经济活动中必不可少的一个组成部分，它能够使陌生的交互对象进行一定程度上的交流和访问，它的这种特点同样可以用于物联网环境中，对物联网中的设备及交互过程进行一定程度上的管控，在此方面也出现了很多的研究成果。正是出于对物联网环境中可信管理特殊性的认识，国际上近年来开始积极探索适宜物联网的可信管理理论及技术。目前，国际上对网络的可信研究主要以信任评估和管理为主，部分研究了基于信任的网络应用问题，但仍没有解决信任在实际网络应用中存在的两个重要问题：一是信任评估的共识和可靠性问题，由于信任是从社会科学中借鉴过来的，具有主观性、笼统性等特点，而结点的行为也具有随机性和不确定性，不同的应用其信任评估的标准和要求有很大的差别；二是基于行为可信的传输信息内容可信保障问题，行为可信是对现有数据安全机制的身份可信的补充和完善，因此保障信息内容的可信是研究身份可信和行为可信的主要目的之一。目前已经有内容可信这方面的初步研究，但主要是基于常规的身份可信等的安全路由、数据融合等，而且都比较分散、独立，缺乏综合性。清华大学等科研院所和公司先后在物联网的体系、物联网的随机模型与评价等相关方面进行了大量的前瞻性的研究，但如何突破传统单一的信息内容可信保障研究模式，结合静态的身份可信，将动态的行为可信和数据可信融入数据融合、安全路由以及防止恶意结点的联合欺骗等进行综合分析与有效控制，成为当下研究的热点内容，众多学者在此方面开展了研究工作，取得了一批有建设性的成果。

针对物联网信任机制，荆琦等从信任管理的特点、分类、框架设计、脆弱性分析、攻击模型和对策等讨论了无线传感器网络的信任管理问题[82]。闫峥等对物联网中信任管理的问题进行了综述性研究，对物联网中信任管理的性质、目标、发展方向及挑战等进行了比较深入的探讨[83]。

物联网环境下的信任机制研究，更多的是通过分析研究物联网中自身已有的信息实现信任模型的构建，由此可以实现资源开销的减少。通过对近年来相关研究成果的分析，发现物联网中信任机制的研究主要集中在通过对结点的行为、链路状态、结点身份和能量监测等进行处理分析，而实现信任模型的构建。

基于结点行为、链路状态和结点身份进行信任模型构建是物联网中常用的安全控制策略，通过对行为的监测和统计，并结合某种分布形式实现信任度的描述和评价，如文献［84］通过监测结点的行为和 β 分布来描述结点的可信度分布，以此构建基于 Beta 函数的信任模型用于指导中继结点的选择。张琳等将 D-S 证据理论与结点行为监测结合构建了信任模型，并给出基于持续序列的可信度函数和评估函数，可以更快地抑制恶意结点[85]。Srinivasan 等人[86]通过每个信标结点对其邻居信标行为的监测分析，给出了一种分布式信任评价模型，能够对信标结点进行有效的评价，用于排除那些提供虚假位置信息的恶意信标结点，但该模型只能对于固定信标结点的安全性进行准确评价，并需要更多的计算资源和能耗。陈东等则在结点行为监测的基础上引入模糊集合的概念，并定义了直接信任和间接信任，可实现异常结点的检测[87]。同样 Alnasser 等人针对智能电网易受到攻击的问题，提出一种基于模糊逻辑的信任模型，实现智能电网中的不可信结点的检测，提高了智能电网的路由效率和恶意结点的检出率[88]。李小勇等提出了可靠的轻量级信任系统（lightweight and dependable trust system，LDTS），其仿真过程能够独立于特定平台和路由模型，重点是从通信的角度进行度量，使用通信效率（转发和通信行为）构建信任关系，但存在漏检的概率较高的问题。如当两个结点一直通信正常时，难以保证其数据也是正常的，但此时在 LDTS 算法则认为其是可信的，因此其漏报率较高[89]。

由于物联网中的很多设备都是资源受限的，特别是能量资源，并且当结点的能量低于一定值时，结点所感知或传输的数据有很大概率是错误的，因此基于能量监测的机制构建信任模型也是近年来物联网环境下信任评价研究的一个热点。范存群等提出了一种基于能量监测的信任评估方法，该方法给出了一种传感器能量监测的机制，通过对能量的监测来解决无线传感网中的结点信任问题[90]。段俊奇等人也从降低能耗的角度，提出了一种能量感知的信任模型，并使用博弈论的方法对安全和能耗建立纳什均衡，实现开销的管理。仿真表明，在保证安全的前提下，提高了能量利用效率[91]。姚雷等提出一种多层次模糊信任模型，通过对影响结点信任的多种因素的分析，构建了阶梯层次结构的信任评价机制，并分别计算各层要素的权重，利用模糊推理方法实现综合评判，能较好地检测出恶意结点[92]。

为了提升信任评价机制的准确性，近年来很多涵盖了多种因素的信任模型被设计和应用，在提升异常检出率方面具有较好效果，但同时也带来了能耗和其他资源开销的增加。Gu 等从物联网的体系结构建模，构建了一种形式化的物联网信任管理机制，涵盖了物联网核心层次的信任管理策略，为物联网信任系统的开发提供了一种通用的框架[93]。Han 等针对水声传感器网络的特殊应用场景，综合链路信任、数据信任和结点信任构造了基于多维度度量攻击性的信任模型，能够较好地应用于水声传感器网络[94]。Jiang 等为了提升传感器网络中结点的攻击防御效果，提出了一个高效的分布式信任模型，该模型通过衡量结点接收到的数据包的数目作为直接信任的计算依据，并在计算中考虑通信、能量、数据等因素，具有一定的综合性，提高了信任评估的准确度[95]，但该模型没有充分利用所感知到的数据。Soleymani 等则为了保障车联网中数据的完整性和可靠性，引入信任机制，并结合经验构建了模糊信任模型，用于保障车联网的安全，能够有效检测恶意攻击者和故障结点[96]。Jiang 等提出了一种基于云理论的信任模型，该模型提出使用云理论处理信任评价过程中的不确定和模糊性，能够在一定程度上提升信任评估的准确性，并将其用于水声传感器网络，实现恶意结点的检测，提高了网络的性能[97]。Guo 等提出了一种基于簇头与传感器结点相互评价的轻量级无线传感器网络信任系统，在该系统中通过对多属性信任值的计算，提升信任的可靠性，能有效抵抗各种攻击[98]。Reddy 等提出了一种评估无线传感器网络通信信任和数据信任的信任评价机制，通过对邻居转发行为的直接和间接分析实现通信信任的计算，使用传感器数据的中位数实现数据信任的计算，能够有效检测到多种攻击类型，提高无线传感器网络的安全性[99]，该文所采用的数据信任评价的机制类似于我们所做的研究内容，但对感知数据的应用不够深入。张波等从主、客观信任和推荐信任三个层面给出了一种用于无线传感器网络的多层信任模型，对模型进行了理论分析，并做了一定的仿真验证，在性能上有一定的提升[100]。

　　此外，研究者结合相关分布策略、优化算法、分级机制也给出了具有较好效果的信任或信誉评价模型，实现了物联网中结点的异常检测。文献［101］给出了一种基于信誉的传感器网络框架（reputation-based framework for sensor networks，RFSN），该框架采用监督机制构建信任评价方法，在该框架中，使用了贝叶斯公式构建的 Beta 信誉系统应用于传感器网络，实现传感器结点的异常检测。文献［102］提出一种用于无线传感器网络的基于可信体系架构的启发式方法，它注重从系统的角度出发，关注信任评价和保持的协作机制，具有较好的评价效果。肖德琴等给出了一种使用高斯分布建立信誉模型的途径，具有能够保持信誉稳定性和表达信任更加直观等特点[103]。Sahoo 等在聚类策略的基础上，提出了一种轻量级的动态信任模型，并引入了蜜蜂匹配算法和优先级方案，该模型可以防止恶意结点成为簇头，找到最合适的簇头，并保持了中等的能量消耗[104]。周傲等通过对 VANETs 网络特点的研究，提出了一种基于信任的安全评估方法，通过直接、间接两种信任评估策略实现安全认证，从而可以实现恶意车辆的判别和剔除[105]。Labraoui 等提出了一种带有风险感知的基于声誉的信任模型，该模型框架使用声誉和风险来评估传感器结点的可信性，实现对恶意结点控制，该模型提出的将风险模型化为短期可信性的观点，具有一定的新颖性[106]。Ramos 等从安全指标、分析攻击的预防和检测机制出发对传感器数据的安全分级机制进行了研究，提出了一种新的综合安全评估方法——传感器数据的安全性估计，该方法能够对传感器数据进行较高精度的评价[107]。刘宴兵等提出一种基于结点行为检测的低能耗信任评估模型，该模型中给出了通过直接信任、统计信任和推荐信任三种信任类别实现综合信任的计算，对恶意结点的检测有较好的效果[108]。

　　当前，在物联网领域针对信任机制联合其他安全策略的应用研究也成为热点，出现了一些研究成果。如佟为明等将信任机制引入到无线传感器网络的入侵检测中，提出了一种基于结点信任值的层簇式无线传感器网络入侵检测方案，在该方案中引入了马氏距离实现结点是否异常的判断，能够较好地实现无线传感器网络内部结点的入侵检测[109]。魏琴芳等则利用信任模型实现感知层数据的安全融合[110]。

通过相关研究成果的分析可以看出，对信任评价方法的研究主要集中在通过过往的行为、能量监测等为证据，建立可信模型，而利用对感知数据的分析来建立信任评价模型的研究较少。但在物联网中，一个很重要的应用就是进行数据的感知和捕获，因此感知数据能够直观反映结点的可靠程度，而在已有的研究中，使用数据对结点进行信任评价的方法很少被提及。因此将感知的数据作为结点信任评价的一个重要依据构造新的评价模型，具有重要的研究意义。

另外，物联网环境下信任评价与异常检测技术的研究仍然处于起步阶段，目前切实高效的评价和检测算法尚未出现。由于物联网与传统网络有很多相似的机制，因此其研究内容与传统网络也有相通之处，但同时物联网又具有自身独特的形式，因此在研究过程中需要对信任评价及异常检测的处理过程、实现方法做相应的调整。鉴于物联网环境资源的有限性，需要设计实现轻量型的结点驻留的评价与检测机制和通用机制相结合的方法。

2.5   物联网隐私研究

物联网汇集了基于多种不同平台、不同计算能力和功能的设备。随着物联网技术和智能技术的发展，人们将配备更多的智能设备，这些设备将与物联网交互以获得或提供适当的数据，这就带来了一个重要的挑战，如何在交互过程中保护人们的隐私。因此隐私保护也是我们必须要解决的问题之一。

隐私保护不是一个新的问题。隐私保护的方法已被广泛应用于数据发布、数据挖掘、基于位置的服务、数据聚合和其他领域。在物联网技术普及的过程中，隐私保护问题遇到了许多新的情况和新的挑战。近年来，许多学者对其进行了研究，试图解决物联网应用带来的隐私问题，并取得了一些成果。Alcaide 等提出了一种完全分散的匿名认证协议，解决在目标驱动的物联网中存在的隐私保护问题，该算法建立了一个由分散结点构成的自组网群体，每个结点都是物理系统的一部分，结点之间可以互相交互，在整个过程保持完全匿名，从而可以有效确保隐私的安全[111]。但林喜军等在研究中发现，Alcaide 等提出的协议存在安全问题，攻击者可以通过冒充合法用户的方法欺骗数据采集器，从而达到攻击网络的目的[112]。文献［113］中提出了一种可用于物联网的隐私保护聚合协议，该协议可以应用于物联网设定的场景，当隐私保护数据值存在相关性时，它允许实体组的多属性聚合，文中提出的算法在一定程度上解决了能量受限的问题，但最多可实现 10 个属性的聚合。文献［114］分析了常用的加密算法在物联网设备上的应用性能，主要包含两个方面内容：一是针对对称原语的性能，如分组密码、散列函数、随机数产生器、非对称原语、数字签名方案，以及各种微控制器、智能卡和移动设备上的隐私增强方案等进行了分析；二是对即将应用的一些机制进行了分析，如同态加密方案、群签名和基于属性的方案。文献［115］构建了一个通用的椭圆曲线密码（ECC）系统来替代传统的公钥密码系统，该系统能较好地应用在受限的设备环境中，文中给出了一个应用该系统的智能停车场的安全平台，实验验证该平台采用椭圆曲线密码体制获得了理想的结果。文献［116］对物联网的安全问题进行了回顾，介绍了物联网安全领域的主要研究挑战和现有的解决方案，确定了开放的问题，并对未来的研究提出了一些建议。文献［117］则提出了一个人、服务器和物之间交互模型，并指出了在智能城市中需要保护的元素。康凯等则针对健康物联网提出了一种新的安全和隐私机制，以保护物联网应用过程中，医疗领域患者的隐私和安全[118]。Samani 等提出了一种新的分析和构建隐私概念的新方法。在该方法中，隐私保护被看作是对"敏感信息"管理的一种形式，并基于此给出了一种应用于分布式协作系统的隐私保护管理框架[119]。在文献［120］中，一种基于 RASCH 模型带有新参数的自动隐私设置算法被提出，通过该算法可以实现隐私的自动设置问题，从而减轻了用户的操作难度。

　　以上所述的隐私保护相关的研究成果，不论是否属于物联网领域，它们在设计和实现过程中都没有考虑人和物交互过程中所产生的数据和行为的影响。当然，也有一些研究考虑到了参与者的主动性，并提出了一些保护的方案。例如，文献［121］提出了一种参与者协调框架，该框架允许系统服务器在不知道参与者轨迹的情况下为感知任务提供最佳的信息质量，它可以有效地选择合适的参与者，以获得更好的信息质量，并能有效地保护每个参与者的隐私。但该框架在实现过程中，也没有充分利用人的主动性。

2.6　本章小结

　　本章内容包括两个层面。一是对本书所涉及的基本概念、方法进行了分析介绍，包括物联网的逻辑结构、信任的定义与分类、信任的计算评估方法、数据融合和隐私保护的概念和含义等。二是从信任机制、物联网安全、物联网中的信任和物联网隐私四个方面展开，分析了国内外在这些领域的研究现状，通过研究现状的分析可以看出，利用信任机制解决物联网安全问题具有资源开销小的优势，而利用感知数据实现信任模型的构建则能更有效地保障物联网中的结点和数据的安全。因此本书后续的研究成果以此为基，研究了物联网环境下的信任模型及其应用问题。

第 3 章　数据驱动的
信任模型设计

数据感知是物联网的一种重要应用形式。物联网中感知结点作为数据感知的源头，其自身的可靠性对数据的可靠至关重要，特别是当结点行为出现异常不可靠时，其所获得的数据本身就是不可靠的，更谈不上进一步的传输和处理。为了解决物联网数据源头的可靠问题，给出一种数据驱动的信任模型。模型首先构建感知层评测单元，每个评测单元均包括工作结点、伴生结点和判决结点三种类别。感知同种指标的工作结点之间可互相作为对方信任值计算的依据。伴生结点和判决结点均用于对工作结点的状态进行监测。伴生结点用于对工作结点的数据进行定期的验证，从而确定工作结点的状态；判决结点则是当工作结点出现疑似异常，无法最终确定时，而被动启用以作为最终的判断结果。通过以上三种结点的数据收集和验证给出了一种用于结点可靠度计算、调整的方法，以此获得每个工作结点的信任值。然后在给定阈值的情况下，构建信任列表，将不可信的感知结点剔除，只传输和处理可信结点所感知的数据。同时为了保证感知结点的初始可靠，引入接入认证机制。从理论分析和仿真的结果看，该模型具有结点感知数据可靠、灵活可扩展等特点，能够有效提高物联网数据源头的可靠性。

3.1　问题的提出

随着云计算、物联网等技术的发展，在信息技术应用中所产生的数据规模越来越大，当前已进入大数据时代。大数据在收集、传输、存储和使用过程中面临着诸多安全风险，虚假数据将导致错误或无效的大数据分析结果。大数据的来源形式多样，可以是人们在（移动）互联网活动中所产生的各种信息，可以是各类计算机信息系统所产生的数据，也可以是各种感知设备所感知或采集的数据。每一种来源都存在复杂的数据产生、传输环境，再加上大数据在存储过程中所面临的各种风险，这些都有可能导致大数据的无效。因此保障数据本身的可靠、可信、可用至关重要。

物联网感知所获得的数据量庞大，是大数据的一种典型来源。但由于物联网具有低功耗、密集部署、无人值守等特点，使得其安全性更难以保证。如无例外，物联网中的感知结点通常会部署在长时间无人值守的环境中，部署区域的结点会大量暴露在攻击者的范围之内，这给网络的安全带来很大隐患。在这种环境下，结点很容易遭受物理攻击，被攻击者俘获，攻击者提取结点中的私密信息，对结点加以改造，发起各种攻击，从而导致源头数据无效。另外，很多感知结点是一种微型的嵌入式设备，其硬件资源相当有限，受到计算和存储等方面的限制，也使得传统的安全策略在此不能高效地发挥作用。因此如何保证所感知数据的可靠是必须面对和解决的物联网关键技术之一。就此，针对物联网感知中感知结点数据的统计，研究了结点可靠性评价与筛选机制，给出了一种从源头对感知数据可靠性进行保障的模型。

3.2　研究的动因

提出此模型的背景是因为物联网应用场景的开放性使得物联网中的结点极易受到各种类型的攻击而产生异常，从而导致结点的不可信和所感知的数据不可靠。为了解决此问题，我们通过分析物联网的应用场景，发现许多物联网应用需要感知或捕获数据，这些感知或捕获的数据在时间上存在连续性、非跳跃性的特点，并且发现感知数据与结点状态直接相关，能够直观地反映结点的状态。因此，本章的研究内容考虑用感知数据对结点是否异常进行检测和判断，从而确保感知数据的可靠。而信任模型只需进行简单的统计计算即可较好地利用感知数据，因此模型具有低资源开销的特点，比较适合物联网的应用场景。

3.3　感知评测单元

本章的信任模型将物联网的感知层结点分为感知结点、中继结点和协调器结点。感知结点用于实现某个数据指标的感知，并采用短程通信技术发送给中继结点，不负责其他结点的数据转发。中继结点不负责数据的感知，用于完成数据的融合和转发任务，同时各个感知结点的信任调整和计算也是由中继结点完成的。协调器结点则负责建立网络和数据的远程转发或直接转交给网关。一般物联网应用的基本结构如图 3.1 所示，图中的传输方式可采用各种形式。

在此仅进行感知源的信任评价分析，保障数据在源头的可靠性，对在传输过程中的可靠问题使用已有的安全策略进行一定的保障，因此，假定中继结点和协调器结点均是可靠的。

在感知源信任评价中，以评测单元为单位，为了降低各个感知结点的能耗，由评测单元中的中继结点完成对各个感知结点信任值的调整和计算。为了提高信任的有效性，在此将评测单元中的感知结点分为三类，分别是工作结点、伴生结点和判决结点。下面就相关概念给出定义。

定义 3.1 评测单元　是信任评价执行的基本单位，一般定

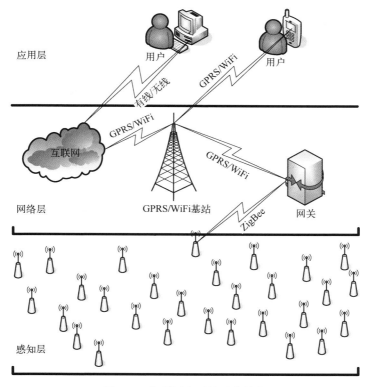

图 3.1 物联网应用的基本结构

义为隶属于同一个中继结点并具有相同监测任务的所有感知结点的集合。评测单元中的感知结点被分为三类，即工作结点、伴生结点和判决结点。

定义 3.2 工作结点 是指工作在正常频率下，用于实现信息感知的结点。

定义 3.3 伴生结点 是和工作结点在一个评测单元内，以远低于正常频率进行感知数据的结点，用于对工作结点的数据进行验证。

定义 3.4 判决结点 是和工作结点、伴生结点在同一个评测单元内，以被动方式启用感知数据的结点，用于当工作结点和伴生结点感知到的数据明显不一致时进行判决。

　　工作结点和伴生结点的数据差值要求在一定的阈值范围内，阈值可人为设定，伴生结点的感知频率远低于工作结点，具体取值在考虑工作结点信任值的基础上通过优化得到，当信任值高时（大于设定的阈值）降低伴生结点的感知频率，若信任值较低（小于设定的阈值）则增加伴生结点的感知频率，最大不能超过工作结点的感知频率。判决结点是被动启用的，它没有固定的感知频率，当工作结点的信任值高于设定的阈值，而出现工作结点和伴生结点的差值超过设定阈值的次数达到设定的上限时，由中继结点通知判决结点启动进行数据感知，依据感知的数据对工作结点的数据进行终极判断。

3.4　信任评价模型设计

　　本模型主要应用于需要进行数据感知，并且在正常状态下，其所感知的数据在时间上具有连续性、非跳跃性的物联网应用场景。该场景同时满足能够支持结点的密集部署和结点有一定的冗余。并且假定在同一个评测单元中，对相同指标进行监测的工作结点所感知的数据在取值上是近似的，由此就可以实现工作结点自身、同一个评测单元内工作结点之间的信任评价，同时在结合伴生、判决结点给出的监督信任评价和预先给定的历史信任值进行加权运算，最后得到感知结点的综合信任值。然后根据设定的阈值和信任值的比较结果进行信任列表的更新，同时对历史信任实现更新，信任模型及信任列表更新的整体结构如图3.2所示。

　　图3.2中给出了5种信任：直接数据信任、单元推荐信任、监督信任、历史信任和综合信任。其中直接数据信任由被评测结

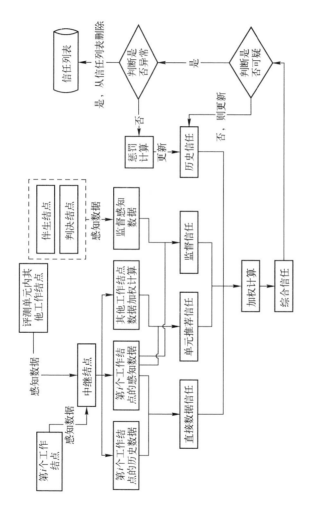

图3.2　信任评价模型的结构

点的实时感知数据和其历史数据分析计算得到；单元推荐信任则由被评测结点的实时感知数据与同一个评测单元内其他工作结点的实时感知数据分析计算得到；监督信任则由被评测单元的实时感知数据与伴生和判决结点的实时监测数据分析计算得到；历史信任的初始值是预先设定的，后期会随着综合信任与阈值的关系而动态更新；综合信任则由上述四种信任加权计算得到。综合信任计算得到后，会和设定的阈值进行比较，用于确定结点的状态。

3.4.1　直接信任

在此假定工作结点所感知的数据是连续且不具有突变的特点，中继结点保存其所辖的每个感知结点的上一次的一个历史数据。直接信任反映了工作结点是否可信的状态，通过实时感知数据和该结点的历史数据的计算，可以得到直接信任的值。设第 i 个工作结点的实时感知数据记作 $^{w}\mathrm{Data}_i$，该结点的历史数据记作 $^{h}\mathrm{Data}_i$，直接信任记作 $^{dt}T_i$，则直接信任可根据公式（3.1）计算得到。

$$^{dt}T_i = \lfloor \mathrm{MAX} \times ((\,(\,|\,^{w}\mathrm{Data}_i - {}^{h}\mathrm{Data}_i\,| - {}^{dt}K) >$$
$$0\,?0\,:\; |\,|\,^{w}\mathrm{Data}_i - {}^{h}\mathrm{Data}_i\,| - {}^{dt}K\,|\,)\,/\,^{dt}K)\,\rfloor \qquad (3.1)$$

其中 MAX 表示初始和最大直接信任值，是一个常数，可根据经验或由专家设定。^{dt}K 是一个阈值，表示实时感知数据和历史数据之差的上限。

3.4.2　单元推荐信任

评测单元是隶属于同一个中继结点并具有相同监测任务的所有感知结点的集合。第 i 个工作结点的单元推荐信任通过该结点的实时感知数据和评测单元内其他工作结点的实时监测数据的均值计算得到。设定在监测区域内共有 N 个工作结点，第 i 个结点的单元推荐信任记作$^{\mathrm{urt}}T_i$。单元推荐信任的初始和最大值记作 MAX。和直接信任的最大值相同。第 i 个结点外的其他 $N-1$ 个工作结点的实时感知数据的均值记作$^{\mathrm{urt}}\mathrm{AVER}_i$。第 i 个结点的实时感知数据和其他工作结点的实时感知数据的均值的差值上限记作$^{\mathrm{urt}}K$，则单元推荐信任可由公式（3.2）计算得到。

其中$^{\mathrm{urt}}\mathrm{AVER}_i$ 可由下式计算得到：

$$^{\mathrm{urt}}\mathrm{AVER}_i = \sum_{j=1}^{N-1} {}^{w}\mathrm{Data}_j / (N-1)$$

$$^{\mathrm{urt}}T_i = \lfloor \mathrm{MAX} \times (\mathrm{dif}_i^{\mathrm{urt}} / {}^{\mathrm{urt}}K) \rfloor \qquad (3.2)$$

其中 $\mathrm{dif}_i^{\mathrm{urt}}$ 是一个中间结果，可由如下公式计算得到：

$$\mathrm{dif}_i^{\mathrm{urt}} = \begin{cases} 1, {}^{\mathrm{urt}}\mathrm{AVER}_i = 0 \\ (\mid {}^{w}\mathrm{Data}_i - {}^{\mathrm{urt}}\mathrm{AVER}_i \mid - {}^{\mathrm{urt}}K) > 0?0: \\ \mid\mid {}^{w}\mathrm{Data}_i - {}^{\mathrm{urt}}\mathrm{AVER}_i \mid - {}^{\mathrm{urt}}K \mid, {}^{\mathrm{urt}}\mathrm{AVER}_i \neq 0 \end{cases}$$

说明：在均值计算过程中，只对信任列表中的结点进行均值计算，若不在信任列表中，则不参与均值的计算。

3.4.3　监督信任

监督信任根据伴生结点和判决结点的工作情况进行计算。第 i 个结点的监督信任记作$^{\mathrm{st}}T_i$。伴生结点的实时感知数据记作$^{c}\mathrm{Data}$，判决结点的实时感知数据记作$^{d}\mathrm{Data}$，若结点处于休眠的状态，其数据取值为 0。第 i 个结点的实时感知数据与伴生结点的实时感知数据的差值上限记作$^{\mathrm{wc}}K$，与判决结点的实时感知数据的差值上限记作$^{\mathrm{wd}}K$。则监督信任可根据公式（3.3）进行计算。

$$^{\mathrm{st}}T_i = \lfloor \mathrm{MAX} \times (\mathrm{dif}_i^{\mathrm{wc}} / {}^{\mathrm{wc}}K) \times (\mathrm{dif}_i^{\mathrm{wd}} / {}^{\mathrm{wd}}K) \rfloor \qquad (3.3)$$

其中，MAX 同前，$\mathrm{dif}_i^{\mathrm{wc}}$ 和 $\mathrm{dif}_i^{\mathrm{wd}}$ 是中间结果，可由如下公式计算得到：

$$\mathrm{dif}_i^{\mathrm{wc}} = \begin{cases} 1, & {}^c\mathrm{Data} = 0 \\ (\,|\,{}^w\mathrm{Data}_i - {}^c\mathrm{Data}\,| - {}^{\mathrm{wc}}K\,) > 0?0: \\ |\,|\,{}^w\mathrm{Data}_i - {}^c\mathrm{Data}\,| - {}^{\mathrm{wc}}K\,|, & {}^c\mathrm{Data} \neq 0 \end{cases}$$

$$\mathrm{dif}_i^{\mathrm{wd}} = \begin{cases} 1, & {}^d\mathrm{Data} = 0 \\ (\,|\,{}^w\mathrm{Data}_i - {}^d\mathrm{Data}\,| - {}^{\mathrm{wd}}K\,) > 0?0: \\ |\,|\,{}^w\mathrm{Data}_i - {}^d\mathrm{Data}\,| - {}^{\mathrm{wd}}K\,|, & {}^d\mathrm{Data} \neq 0 \end{cases}$$

3.4.4　综合信任

综合信任通过直接信任、单元推荐信任、监督信任和历史信任加权平均计算得到。其中第 i 个工作结点的历史信任记作 ${}^hT_i$，其初始值取信任的最大值，即 MAX。综合信任记作 T_i，则综合信任可由公式（3.4）计算得到。

$$T_i = \lceil \alpha \times {}^{\mathrm{dt}}T_i + \beta \times {}^{\mathrm{urt}}T_i + \gamma \times {}^{\mathrm{st}}T_i + \lambda \times {}^hT_i \rceil \qquad (3.4)$$

其中 $\alpha, \beta, \gamma, \lambda$ 是权重因子，由经验获得或专家指定，其取值满足如下条件 $0 < \alpha, \beta, \gamma, \lambda < 1$，且 $\alpha + \beta + \gamma + \lambda = 1$。

3.4.5　历史信任

本部分引入了结点接入认证机制，因此历史信任的初始值设为最大信任，即 MAX 表示初始对工作结点是完全信任的。为了获得更好的评价效果，在此我们设定了两个不可信的级别，分别是疑似和异常，疑似阈值记作 $\mathrm{Th}_{\mathrm{susp}}$，异常阈值记作 $\mathrm{Th}_{\mathrm{abn}}$。则历史信任的更新计算可由公式（3.5）得到。

$$ {}^hT_i = \begin{cases} T_i, & T_i \geqslant \mathrm{Th}_{\mathrm{susp}} \\ T_i - |\,T_i - \mathrm{Th}_{\mathrm{susp}}\,|, & \mathrm{Th}_{\mathrm{abn}} \leqslant T_i < \mathrm{Th}_{\mathrm{susp}} \\ T_i - \tau \times |\,T_i - \mathrm{Th}_{\mathrm{abn}}\,|, & T_i < \mathrm{Th}_{\mathrm{abn}} \end{cases} \qquad (3.5)$$

其中 $\tau(\tau \geqslant 1)$ 是惩罚因子，它可以调整惩罚力度。

3.4.6   信任列表的更新

每个评测单元维护一个信任列表，初始信任列表中包含所有的工作结点，而后根据综合信任值和异常阈值 Th_{abn} 的关系实现信任列表的更新。综合信任 T_i 小于 Th_{abn} 时，则将第 i 个结点从信任列表中剔除。

3.5   基于信任的异常结点检测方法

物联网中结点的状态会影响所感知的数据，如果结点异常，则感知数据一般是不可靠的。因此可以使用所感知的数据对结点的状态进行评价，本部分结合数据驱动的信任模型实现了一种用于结点检测的方法，该方法通过评判其信任值与阈值的关系实现结点的异常检测，当综合信任大于等于疑似阈值时，结点被判定为正常结点，否则若大于等于异常阈值则被判定为疑似结点，否则则被认定为异常结点。异常结点将会被从信任列表中删除。基本过程如图 3.3 所示。

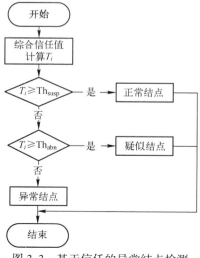

图 3.3   基于信任的异常结点检测

3.6　仿真及结果分析

　　由于算法是以监测单元为单位执行评价过程的，因此算法具有良好的扩展性，只需要在微型的物联网环境中验证其有效性就可以容易地扩展到更大规模的网络中去。为了验证算法的有效性，本章搭建了一个由 10 个结点的微型网络，其中包含 1 个中继结点和 1 个协调器结点，感知结点的功能是完成室内温度的感知，然后在实际结点上实现算法的功能和性能的验证。

3.6.1　仿真参数设置

　　在 10 个感知结点中，为了验证在工作结点个数不同情况下，对单元推荐信任度的影响，我们在组网过程中逐步增加工作结点的个数。

　　另外，算法中用到了比较多的常量或阈值，我们结合实践经验和算法运行中的结果综合给出了赋值，如表 3.1 所示。

表 3.1　信任评价模型常量取值

符号名	最终取值	单位	说明	来源
MAX	100	—	信任度的最大值	设定
^{dt}K	0.1	℃	工作结点实时数据和其上次历史数据的差值上限	经验值并根据实验结果作了一些调整
N	1~8	个	工作结点的个数	实际取值
^{urt}K	0.3	℃	被评价的工作结点实时数据和其工作结点的均值的差值上限	经验值并根据实验结果作了一些调整
^{wc}K	0.3	℃	被评价的工作结点实时数据和伴生结点的实时数据的差值上限	经验值并根据实验结果作了一些调整

符号名	最终取值	单位	说明	来源
^{wd}K	0.3	℃	被评价的工作结点实时数据和判决结点的实时数据的差值上限	经验值并根据实验结果作了一些调整
$\alpha,\beta,$ γ,λ	0.2, 0.3, 0.2, 0.3	—	加权因子	根据实验结果调整得到
Th_{susp}	80	—	疑似阈值	经验值并根据实验结果作了一些调整
Th_{abn}	65	—	异常阈值	经验值并根据实验结果作了一些调整
τ	1.1	—	惩罚因子	经验值并根据实验结果作了一些调整

工作结点的感知频率设定为 2 s，伴生结点的感知频率设定为 10 s，监督结点被动启用，无频率设定。

对于表 3.1 中的各常量和阈值，首先结合实验环境由经验设定，然后对于那些对结果有较大影响的，根据仿真的结果不断进行调整以适合环境的要求。其中信任最大值取值为 100；工作结点的个数最大是 8 个；直接信任的数据偏移值取值为 0.1，其他偏移值均取值为 0.3；疑似阈值取值为 80，异常阈值取值为 65；综合信任计算中使用的加权因子，取值为（0.2，0.3，0.2，0.3），该值的设定是根据仿真结果不断调整得到的；结点异常时，历史信任计算中用到的惩罚因子设定为 1.1，取值是一个经验值，可对异常结点的历史信任进行一定的调节。表 3.1 中所示，除 MAX 和 N 对结果基本无影响外，其他的常量或阈值，若设置的过大或过小都会对结果有较大的影响，因此在仿真过程中，为了确定相对合理的取值，需要有一个根据仿真结果不断调整的过程，表 3.1 是在仿真过程中不断调整而获得的相对合理的选择。

3.6.2　仿真结果及分析

　　由图 3.4 可知，在工作结点未出现异常的情况下，历史信任和综合信任是相对稳定的，由于我们在此对^{dt}K选择较小，因此直接信任的波动较大，但其对综合信任和历史信任的影响并不显著。单元推荐信任取值在正常情况下也相对稳定，监督信任由于和工作结点的感知频率不同，因此其信任值基本处于最大的状态。且从图 3.4 可以看出，在结点正常的情况下，其综合信任值一直位于疑似阈值之上。

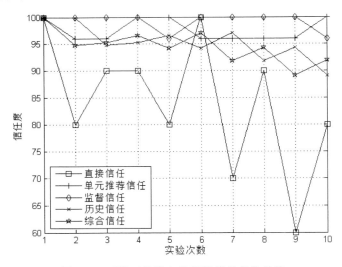

图 3.4　正常工作结点各信任值的变化趋势

　　图 3.5 则展示了当被评价结点出现异常，所感知的数据出现明显偏离正常值的情况下的各信任值的变化趋势。从图 3.5 中可以看出，当异常出现时，直接信任和单元推荐信任直接归零，综合信任和历史信任也急剧降低，已经低于异常阈值，此时会将该结点从信任列表中剔除，其不再参与对其他工作结点的信任评价，中继结点在进行数据处理时也会跳过该结点的数

据，由此可知，本模型能有效发现和规避异常数据的影响。若感知结点的异常状态一直持续，我们可以看到，直接信任会恢复到正常状态，但单元推荐信任和监督信任则仍然处于零值，因此综合信任和历史信任仍然会低于异常阈值，从而会继续将该结点排除在信任列表之外。从图 3.5 中也可以看出，当该结点恢复正常后，其直接信任和单元推荐信任均立即恢复到正常状态，而综合信任和历史信任则需要逐步恢复，慢慢恢复到阈值之上，这也体现了信任值易失难得的特点。

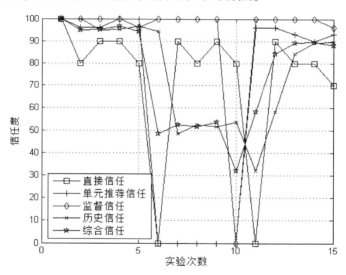

图 3.5　结点出现异常时各信任值的变化趋势

图 3.6 则显示，在进行综合信任计算时，各加权因子的不同取值对综合信任取值的影响。为了保证信任的连续性特点，本章中设定，历史信任所占比重必须不小于其他项所占比例，因此在仿真中，历史信任的加权系数 λ 最小的取值是 0.3。我们提出了 4 种组合方式，如图 3.6 所示，可以看出四种组合都可以对结点的异常进行检测，但当出现异常时，综合信任的变化趋

势有一定的差别。通过比较可以看出，表 3.1 中给出的取值是相对合理的一种，在异常出现时，能在综合信任上有比较急剧的体现，没有异常时又可以较好地保持历史的惯性，保持综合信任的稳定。

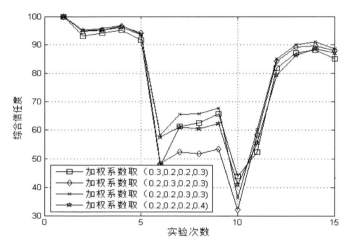

图 3.6　不同加权因子下综合信任的变化趋势

　　为了对信任值进行结点异常判断的正确率的评价，本章对在仿真过程中出现的漏报和误警率进行了统计。采用表 3.1 中的参数设置，进行了 10 次重复实验，当设定异常结点为 4 个时，10 次仿真中漏报（漏报的概率等于漏报的结点数与总异常结点数之比）和误警（误警的概率等于误警的结点数与总的正常结点数之比）的情况如图 3.7 所示。从图 3.7 可以看出，数据驱动的信任模型在漏报和误警率方面虽然有时稍高，但其累计的平均漏报和平均误警率均处于比较低的水平，能够较为准确地对结点的状态做出评判，具有比较好的查全率。

　　本章研究内容通过实验所得感知数据与实际温度测量设备所得温度数据的差值来衡量感知数据的准确率，由于本部分实验选用的是一个小型的模拟传感器网络，因此其感知数据的取值是每次所有结点感知数据取值的均值，在采用信任模型后，对于被判定为异常的结点将不会参与均值的计算，通过 10 次重复实验，从图 3.8 可以看出，在采用了信任模型后，其所感知的数据与实际温度测量设备的差值基本维持在 0.1 以下，而未采用信任模型的感知数据，其与实际测量值的差值在 0.2 左右，由此可知，在准确率上，采用信任模型明显高于没有应用信任模型的情况，因此基于数据驱动的信任模型在对异常结点进行有效检测的基础上能够使得感知数据更准确，提高了感知数据的可信性。另外，由于仿真过程使用的是非工业用传感器，在温度感知上与实际的温度测量设备本身存在一定的误差，因此此处的小于 0.1℃ 的差值在可接受的范围之内。

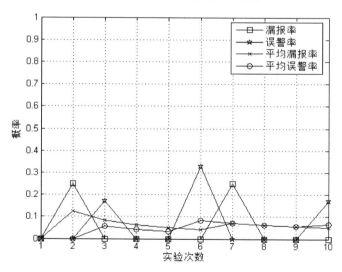

图 3.7　漏报和误警率统计

　　另外，本章模型相对具有较低的能耗。对感知结点而言，并没有额外增加通信开销，因此不影响其能耗，从这一点上来讲优于使用行为信息进行评价的算法。在中继结点所进行的运算都是简单基本的运算，因此所需要增加的额外资源也比较有限。

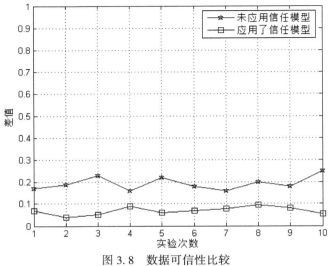

图 3.8　数据可信性比较

3.7　本章小结

本章结合物联网应用场景的特点，给出了一种从源头保障数据可靠且自适应、灵活可扩展的数据驱动的信任模型。模型提出了评测单元的概念，将感知结点分为工作结点、伴生结点和判决结点，在充分利用具有相同功能任务的各感知结点自身及感知结点之间数据相近性的特点，给出了直接信任和单元推荐信任的计算方法，并通过引入伴生和判决两类结点给出了监督信任的计算，使得信任评价的结果更为准确，最后再结合历史信任，通过加权平均计算获得每个工作结点的综合信任，然后再以此为基础，实现了一种简单的信任列表的更新算法。从仿真结果看，该算法能有效地评价感知结点的状态，且易于扩展，对保障物联网数据的可靠性提供了一种新的思路。

本章研究成果发表在 ICA3PP 2015 国际会议和《中国科学技术大学学报》上[129-130]。

第 4 章 雾霾感知源信任评价机制

雾霾监测点作为雾霾数据感知的源头，由于缺乏有效的评价方法，导致感知数据不可靠。针对此问题，提出一种感知源信任评价和筛选模型，该模型采用数据触发检测方式来进行。当感知源的数据到达时，首先采用 $K-\text{Means}$ 聚类算法和统计结果计算感知源基准数据，根据当前感知数据、基准数据和所设定的阈值计算得到感知源的数据信任；然后根据感知源所处地理位置确定邻居关系，将感知源当前所感知的数据和各个邻居所感知的数据进行比较，根据差值的绝对值和阈值的大小关系计算得到邻居推荐信任；最后使用感知源的数据信任、历史信任和邻居推荐信任计算得到最终的综合信任。其中历史信任初始为所监测的指标数，而后使用综合信任度进行更新。从理论分析和仿真结果看，可有效对感知源进行客观的评价，同时能够规避异常感知源的数据，降低后期处理开销。

4.1 问题描述

目前，对雾霾监测的主要手段有：雾霾遥感监测法、对重点雾霾人工定时巡查法及雾霾自动监测法。遥感监测对宏观监测比较好，但遥感技术无法获取雾霾监测的直接数据，需与其他监测相互补充印证。人工定时巡查是直接而有效的监测方法，但是由于目前雾霾频发、监测点较多，而巡查人员少，因此不能满足要求。实时雾霾监测是目前常用的监测手段之一，具有准确、灵敏、分辨率高等特点，但也存在设备结构复杂、价格昂贵、难以维护、运营成本高、容易被人为干扰等缺陷。同时，由于大气雾霾具有扩散性、风向性、位置性等特点，加上可能出现突发雾霾和地方单位为了逃避或减轻雾霾监测的责任而进行的干扰等，因此要求基于物联网的雾霾监测网能罩住被监测区域的主要范围，形成覆盖广、粒度细的立体监测城堡，并且监测设备的相关配套设施要相对独立可靠。随着国家对环境投入的增加，越来越多的省份在其辖区内部署了雾霾监测点作为雾霾数据预报的感知源。但由于受到天气、遮挡、人为或感知设备本身等多方面因素的影响会导致感知数据不可靠，表 4.1 所示是截取的某省份某监测点连续两天从上午 9 时到下午 4 时主要雾霾污染物的监测数据，可以看出数据存在较大问题。而又由于部门、地方等局部利益因素导致监测点管理和维护部门对改善数据不可靠因素的积极性不够，从而导致所收集的雾霾数据中包含了大量的错误、无效或虚假数据，这些都大大影响了雾霾数据的有效性，对国家、社会和个人都会产生较坏影响，因此对雾霾感知源的可靠评价意义重大。如何保证所监测的数据可靠可信是在监测过程中需要解决的问题，目前对此大多采用人工检查或抽查的方式进行，效率低且效果不好，无法对监测点进行综合客观的评价。本部分不针对影响数据不可靠的具体因素进行研究，而以一个监测点作为一个感知源进行整体的可靠性评价，结合数据分析技术可给出相对比较客观的评价结论。

表 4.1 连续两天污染物监测数据

时	SO_2	CO	NO	NO_2	NO_x	O_3	O_3(8h)	PM_{10}	$PM_{2.5}$
09	0.0	0.0	0.0	0.0	0.0	0.0		0.0	0.0
10	0.0	0.0	0.0	0.0010	0.0010	0.0		0.0	0.0
11	0.0	0.0	0.0	0.0030	0.0020	0.0010		0.0060	0.0
12	0.011	0.643	0.0	0.0080	0.0080	0.111		0.0060	0.0030
13	0.013	0.552	0.0	0.0060	0.0060	0.129		0.0060	0.0040

续表

时	SO_2	CO	NO	NO_2	NO_x	O_3	$O_3(8h)$	PM_{10}	$PM_{2.5}$
14	0.012	0.534	0.0	0.0050	0.0040	0.137		0.0090	0.0040
15	0.01	0.523	0.0	0.0050	0.0050	0.14		0.026	0.011
16	0.0090	0.472	0.0	0.0050	0.0040	0.145	0.11	0.034	0.012
09	0.021	0.583	0.0	0.012	0.011	0.135	0.107	0.095	0.051
10	0.0	0.0	0.0030	0.0	0.0	0.0	0.112	0.0	0.0
11	0.0090	0.652	0.0010	0.0090	0.0050	0.111	0.115	0.0060	0.0
12	0.018	0.852	0.0	0.0080	0.0070	0.155	0.121	0.085	0.039
13	0.014	0.804	0.0	0.0070	0.0060	0.154	0.127	0.05	0.027
14	0.013	0.801	0.0	0.0060	0.0060	0.156	0.132	0.057	0.029
15	0.012	0.788	0.0	0.0060	0.0050	0.156	0.141	0.076	0.029
16	0.012	0.773	0.0	0.0060	0.0050	0.156	0.146	0.101	0.036

说明：SO_2（二氧化硫）；CO（一氧化碳）；NO（一氧化氮）；NO_2（二氧化氮）；
NO_x^*（氮氧化物）；O_3（臭氧）；O_3（8h）（臭氧 8 小时均值）；
PM_{10}（粒径 10 微米以下的颗粒物）；
$PM_{2.5}$（粒径 2.5 微米以下的颗粒物）

4.2　研究的动因

通过与某省环保厅下属的环境监测中心站的项目合作，发现该省各个县市区的雾霾监测点所提交上来的雾霾监测数据中存在大量无效、错误及虚假的数据，这对政府环保部门以此为依据完成政策的制定和决策极其不利，同时对每个雾霾监测点也没有一个统一的评价标准。因此相关的监测管理机构和政府部门急需一种能够对雾霾监测点进行有效评价的机制，并能确保所监测数据的可信。基于此我们从分析雾霾监测的过程入手，发现雾霾监测所获得的数据在时间和一定的空间范围内具有连续性和非跳跃性的特点，同时所获得的监测数据能够对监测点进行直观的反映，因此提出了雾霾感知源信任评价机制。

4.3　雾霾感知源信任评价模型

本模型通过分析监测点的数据建立感知源的信任模型，进而针对该模型的结果使用检测算法进行检测比对，用以评价各个感知源的可靠性。

感知源的环境特征多样，其所监测数据也会受到诸如天气、遮挡、人为等多方面因素影响。因此仅仅通过单一信任度来评价该感知源的可靠性并不客观，容易导致误判。因此本章模型将感知源数据信任、历史信任和邻居推荐信任进行加权求和，得到感知源的综合信任度，该信任度作为该感知源的当前信任度，然后再结合给定的阈值，对感知源信任列表进行调整，并对不在信任列表中的感知源数据标记为异常数据，在进行数据处理和分析时此类数据不参与运算，信任评价模型如图4.1所示。在此模型中，数据信任通过被评价监测点的实时数据与其历史数据所得的基准数据计算得到；邻居推荐信任则

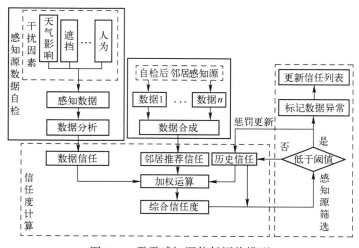

图4.1　雾霾感知源信任评价模型

由被评价监测点的实时数据与其邻居的实时数据均值计算得到；历史信任是预先给定的，后期会随着综合信任与阈值的关系实现更新；综合信任则由数据信任、邻居推荐信任和历史信任进行加权计算得到；最后综合信任和给定的阈值进行比较以确定历史信任的更新规则、是否需要进行数据异常的标记和信任列表的更新。

4.3.1　数据信任

4.3.1.1　感知源数据自检

本部分主要的任务是针对每个感知源的历史数据进行分析，从而确定一个可作为基准的数据向量，对实时感知的数据进行判定，它是每个感知源信任值计算的依据，同时也是邻居推荐信任计算的基础，只有自检认为可信的邻居数据才会参与邻居推荐信任的计算。

自检部分的功能借助数据分析技术来实现，考虑到由于随着监测过程的进行，历史数据的量会随之不断增大，为了节省分析时间，基准数据的计算只依据近期一定时间内的数据进行分析获得。为了进一步简化算法，算法设计以感知源为单位进行设计，为此我们设计了较为简单的分析算法完成本部分任务。为了更便于对算法进行描述，先给出如下几个定义。

定义 4.1　感知源数据传送时间间隔 $Time_{int}$，表示感知源连续两次上传数据之间的时间间隔，是一个常量。

定义 4.2　时间窗系数 T_{base}，表示当感知源历史信任为最大时，用于分析的时间段长度，其单位与 $Time_{int}$ 相同，假定每个感知源所监测的指标数为 N（常量），其取值如公式（4.1）所示：

$$T_{base} = M \times (N+1) \times Time_{int} \tag{4.1}$$

其中，M 是一个常量，取值为正整数，其取值会影响系统性能和数据信任的有效性。

定义 4.3   基准数据 $HDATA^{base}$，用于表示在新数据到达之前已经分析计算出来的感知源基准数据向量，假定每个感知源所监测的指标数为 N，则

$$HDATA^{base} = \{hdata_1^{base}, hdata_2^{base}, \cdots, hdata_i^{base}, \cdots, hdata_N^{base}\} \quad (4.2)$$

其中 $hdata_i^{base}$ 表示基准数据中第 i 个指标的取值。

定义 4.4   数据分析时间窗 $time^{base}$，用于确定选取分析数据的时间跨度，它的取值与该感知源的当前的历史信任负相关，即历史信任越大，时间窗越小，因此不同的时间不同的感知源，其取值是不同的，假定 T_{ht} 代表新数据到达前的某感知源的历史信任，则数据分析时间窗定义如下：

$$time^{base} = \begin{cases} \lfloor T_{base}/(T_{ht}+1) \rfloor, 其他 \\ 0, 初始化 \end{cases} \quad (4.3)$$

由此可得到数据分析的记录数近似计算方法，如下：

$$Num_{rd} \approx \lfloor time^{base}/T_{interval} \rfloor \quad (4.4)$$

定义 4.5   第 idx 个指标在第 ct 时间点的历史数据向量 hd_{ct}^{idx}，用于表示 $time^{base}$ 时间内第 idx 个指标所有的历史监测数据，其中 $ct \in \{1,2,3,\cdots,i,\cdots,time^{base}\}$，$idx \in \{1,2,3,\cdots,N\}$，则算法（Cal_datum）过程如下所示。

Step1   初始化监测指标数 $M,N,Time_{int}$

定义 $HDATA^{base} = \{0\}, j=0; T_{ht} = N, idx = 1$

Step2   由公式（4.1）计算得到 T_{base}，由公式（4.3）计算数据分析时间窗 $time^{base}$

Step3   根据数据分析时间窗得到历史数据矩阵 **HD**

$$HD = [hd_{ct}^1, hd_{ct}^2, \cdots, hd_{ct}^{idx}, \cdots, hd_{ct}^N]$$

Step4   对数据矩阵 **HD** 使用 $K-Means$ 聚类算法进行聚类，根据聚类结果获得 p 个子数据矩阵，分别表示为 $HD_1^{r_1}, HD_2^{r_2}, \cdots, HD_j^{r_j}, \cdots, HD_p^{r_p}$，其中 r_j 表示第 j 个子矩阵中矩阵的行数，并且满足如下条件：$(r_1+r_2+\cdots+r_j+\cdots+r_p) \leqslant Num_{rd}$

Step5 求解各子矩阵每个监测指标的均值，每个子矩阵得到一个均值向量，分别表示为 $\mathbf{avg}_1, \mathbf{avg}_2, \cdots, \mathbf{avg}_j, \cdots, \mathbf{avg}_p$，由此可构造一个均值矩阵，记作 $\mathbf{AVG}$，该矩阵有 N 行 p 列，根据第4步得到的各子矩阵的行数为元素，构造一列矩阵，如下式所示：

$$\text{Num} = \{r_1/\text{Num}_{\text{rd}}, r_2/\text{Num}_{\text{rd}}, \cdots, r_j/\text{Num}_{\text{rd}}, \cdots, r_p/\text{Num}_{\text{rd}}\}$$

Step6 则基准数据向量可由均值矩阵和行数矩阵的点积的转置得到，如下式：

$$\text{HDATA}^{\text{base}} = (\text{AVG} \cdot \text{Num})^{\text{T}} \qquad (4.5)$$

算法通过引入 $K-\text{Means}$ 聚类的方法实现各历史数据权重的计算，而后当某个感知源有新数据到达时，就可以以此算法计算得到基准数据，而有了基准数据，就可以结合被评测结点的实时数据进行分析计算，得到数据信任。

4.3.1.2 数据信任计算

数据信任的计算方法我们设计的比较简单，在此需要预先对每个监测指标设定最大偏移阈值，N 个监测指标的偏移阈值形成阈值向量 $\text{Threshold}_{\text{offset}} = \{\text{th}_1, \text{th}_2, \cdots, \text{th}_i, \cdots, \text{th}_N\}$，该阈值可为统计值或经验值，假定当前收到的感知源数据向量记作：

$$\text{CDATA} = \{\text{cdata}_1, \text{cdata}_2, \cdots, \text{cdata}_i, \cdots, \text{cdata}_N\} \qquad (4.6)$$

则数据信任 T_{data} 可由下式计算得到：

$$T_{\text{data}} = \sum_{i=1}^{N} (f(\text{cdata}_i, \text{hdata}_i^{\text{base}}, \text{th}_i)) \qquad (4.7)$$

其中 f 函数的计算规则是计算当前感知数据和基准数据对应项的差值的绝对值并与监测指标的偏移阈值进行比较，若小于偏移阈值则返回1，否则返回0，最后返回值累加的结果即为数据信任。

4.3.2 邻居信任

4.3.2.1 确定邻居关系

在此，我们设定每个监测点的经纬度数据均是已知的，并设定邻居距离半径 LD（此值可由用户设定），则可通过经纬度和邻居半径确定邻居关系。

设第一点 A 的经纬度为（$LonA$，$LatA$），第二点 B 的经纬度为（$LonB$，$LatB$），按照 0 度经线的基准，东经取经度的正值（Longitude），西经取经度负值（-Longitude），北纬取 90-纬度值（90-Latitude），南纬取 90+纬度值（90+Latitude），则经过上述处理过后的两点被计为（$MLonA$，$MLatA$）和（$MLonB$，$MLatB$）。那么根据三角推导，可以得到计算两点距离的如下公式：

$$Distance = R \times arccos(C) \times \pi/180 \qquad (4.8)$$

其中，R 为赤道半径，可取 6378.137 千米，Distance 单位与 R 相同，π 为圆周率，C 是一个中间结果，可由如下公式计算得到：

$$C = \sin MlatA \times \sin MLatB \times \cos(MlonA -$$
$$MlonB) + \cos MLatA \times \cos MLatB$$

则以感知源为圆心，以 LD 为半径，可通过公式（4.8）计算得到两点间距离，在邻居半径给定的情况下，可得该感知源的所有邻居结点，确定了邻居之后，即可完成邻居推荐信任的计算。

4.3.2.2　邻居推荐信任计算

设定感知源 A 有 k 个邻居，第 i 个邻居记作 A_i^{nbr}，$i = 1, 2, \cdots,$ k，则第 i 个邻居的当前数据向量可表示为 $CDATA^{A_i^{nbr}} = \{ cdata_j^{A_i^{nbr}} \mid i = 1, 2, \cdots, k, j = 1, 2, \cdots, N \}$，感知源 A 和邻居的当前数据向量之间的阈值为 $Threshold_{nbr} = 2 \times Threshold_{offset}$，结合公式（4.6），设计如下邻居推荐信任计算方法：

$$T_{nbr} = \sum_{i=1}^{k} \Big(\sum_{j=1}^{N} f(cdata_j, cdata_j^{A_i^{nbr}}, 2 * th_i) \Big) / k \qquad (4.9)$$

其中 f 函数功能同公式（4.7）。

4.3.3　综合信任

综合信任度的计算，结合数据信任、邻居推荐信任、历史信任，根据设定的权值系数，按公式（4.10）计算。设综合信任度记作 T_{cp}，其计算如下：

$$T_{cp} = \lceil \alpha \times T_{data} + \beta \times T_{nbr} + \gamma \times T_{ht} \rceil \quad (4.10)$$

其中，T_{data}，T_{nbr}，T_{ht} 分别是数据信任、邻居推荐信任和历史信任的取值，α, β, γ 是三种信任度的加权系数，其取值可由用户、专家、经验给定，范围需满足限制，$0 \leqslant \alpha, \beta, \gamma \leqslant 1$ 并且 $\alpha + \beta + \gamma = 1$。

4.3.4　历史信任

历史信任初始为 N，其后的更新结合综合信任度的结果和信任筛选阈值来确定，设定信任筛选阈值 $Threshold_{filter}$，则非初始情况下，历史信任的计算方法如公式（4.11）所示。通过历史信任的引入可以有效地确保综合信任的稳定性，不会出现较大的跳跃性变化。

$$T_{ht} = \begin{cases} T_{cp} & T_{cp} \geqslant Threshold_{filter} \\ \lfloor \delta \times T_{cp} \rfloor & T_{cp} < Threshold_{filter} \end{cases} \quad (4.11)$$

δ 称为惩罚系数，其取值可由用户、专家、经验给定，范围需满足限制，$0 \leqslant \delta < 1$。

4.3.5　感知源筛选

本章基于信任度给出了一种感知源筛选的简单方法。根据设定的信任筛选阈值 $Threshold_{filter}$，设计了一个感知源可信链表，链表中的结点存储感知源的基本信息和信任值，若信任值大于等于筛选阈值，则加入或保留在可信链表，否则不加入或从可信列表中删除。图 4.1 中也对基本思路进行了展示。

4.4   仿真及结果分析

4.4.1   仿真实验数据分析

本部分以某省辖区内 198 个感知源 2014 年 9 月实际提交的数据作为仿真的数据来源，从表 4.1 可以看出，每个雾霾感知源所监测的数据不仅包含对雾霾影响最大的 $PM_{2.5}$ 和 PM_{10} 数据，同时还包含其他多种污染影响元素，共计监测污染及雾霾指标数 9 个，感知源各监测设备的采样频率一般为 2 分钟 1 次，而每个感知源对上级部门提交的则是 1 小时内的均值数据，9 月每个感知源包含 720 条数据，共计 142 560 条数据。

所提交数据包括感知源编号、感知源名称、年、月、日、时和 9 个监测指标数据，共计 15 个数据项，编号用于识别每个感知源并获取其位置信息，为了简化仿真过程，在此将编号改写为 1~10 范围的自然数；名称主要用于描述感知源信息，在此也对其作了改写，由字母 A~J 来表示，年、月、日则可用于确定具体的数据分析时间窗的起始位置，表 4.2 列举了 9 月 1 日 0 时的数据情况。由于数据规模较大，后续实验分析部分仅选择 10 个监测点中的 1 个监测点的处理过程展开分析。

4.4.2   邻居关系建立

由于各个感知源都是登记预设，并且是固定的，因此其经纬度坐标信息均是确定的，表 4.3 列出所用感知源的经纬度信息，因此其邻居关系的确立可以先于信任度的计算，设定邻居距离半径 $LD = 1, 5, 10, 20, 30 \, km$，地球半径 $R = 6\,378.137 \, km$，π 取 3.141 59，结合公式（4.8）则各感知源的邻居信息如表 4.4 所示。

表 4.2　9 月 1 日的部分数据

编号	名称	年	月	日	时	SO_2	CO	NO	NO_2	NO_x	O_3	$O_3(8h)$	PM_{10}	$PM_{2.5}$
1	A	2014	9	1	0	0.022	0.615	0.003	0.036	0.04	0.054	0.111	0.102	0.065
2	B	2014	9	1	0	0.053	0.467	0.0030	0.019	0.022	0.028	0.036	0.017	0.051
3	C	2014	9	1	0	0.039	1.696	0.0010	0.033	0.034	0.0030	0.0	0.046	0.0040
4	D	2014	9	1	0	0.043	0.66	0.0010	0.014	0.016	0.037	0.079	0.086	0.058
5	E	2014	9	1	0	0.019	0.593	0.0	0.016	0.017	0.076	0.091	0.029	0.022
6	F	2014	9	1	0	0.052	0.575	0.0010	0.025	0.026	0.108	0.114	0.091	0.084
7	G	2014	9	1	0	0.0040	0.772	0.0	0.018	0.018	0.109	0.109	0.079	0.063
8	H	2014	9	1	0	0.0010	0.207	0.0020	0.0010	0.0030	0.143	0.128	0.053	0.044
9	I	2014	9	1	0	0.029	0.114	0.0020	0.0010	0.0030	0.036	0.058	0.032	0.042
10	J	2014	9	1	0	0.0060	1.197	0.0	0.0040	0.0	0.099	0.126	0.105	0.081

表 4.3   感知源经纬度信息

编码	经度(Lon)	纬度(Lat)	方向
1	Y15.508472	X0.417284	东经/北纬
2	Y14.90121	X0.766828	东经/北纬
3	Y14.893782	X0.811188	东经/北纬
4	Y15.694958	X1.677583	东经/北纬
5	Y14.890121	X0.795959	东经/北纬
6	Y14.42691	X0.673162	东经/北纬
7	Y15.29618	X0.508261	东经/北纬
8	Y16.413403	X0.80368	东经/北纬
9	Y15.30302	X0.990115	东经/北纬
10	Y15.228306	X0.37964	东经/北纬

说明：为隐私，用 X、Y 替换 1 位数字。

表 4.4 显示在邻居半径分别取 1, 5, 10, 20, 30 km 时各个感知源的邻居情况。可以看出邻居半径的选择影响较大，过大会导致邻居推荐信任引入过多不相关因素，从而使得邻居推荐信任的作用消失，过小则可能找不到邻居信息。此值一般应由专家根据雾霾感知源的分布情况来确定，当然也可以通过聚类算法找到一个聚集相对多的距离值，在本章中简化了确定方法，我们根据统计结果，并结合雾霾监测具有一定区域性的特点，选定邻居半径 LD = 20 km。

表 4.4   感知源邻居信息表

编码 \ 邻居编码	半径 1 km	半径 5 km	半径 10 km	半径 20 km	半径 30 km
1	—	—	—	7,10	7,10
2	—	3,5	3,5	3,5	3,5
3	—	2,5	2,5	2,5	2,5
4					
5	—	2,3	2,3	2,3	2,3
6	—	—	—	—	—

编码	邻居编码	半径 1 km	半径 5 km	半径 10 km	半径 20 km	半径 30 km
7		—	—	—	1,10	1,10
8		—	—	—	—	—
9		—	—	—	—	—
10		—	—	—	1,7	1,7

4.4.3　感知源自检

初始数据为空，当有数据到达时执行算法 Cal_datum，得到基准数据向量。在此过程中我们采用了 K-Means 聚类算法首先对数据分析时间窗所覆盖的数据进行聚类分析，分成能够覆盖所有待分析数据的若干个类，然后根据各类中所含记录数确定每一类中数据在均值计算中所占的比例，最后根据该比例计算出最后的基准数据向量。

基于简化考虑，后续的仿真及结果均以第 1 个感知源的结果为例，其他感知源的处理方法与此类同。

4.4.3.1　确定已知及初始值

根据感知源情况，依据算法 Cal_datum 的需求，确定已知及初始取值，具体如表 4.5 所示。

表 4.5　感知源参数表

编码	初始值	单位	说　明	来源
M	48	h	综合信任度最大时所需数据窗口的大小	经验值
N	9	个	9 个监测指标	由数据得到
Time_{int}	1	h	感知源每小时提交一次数据	实际设定
T_{ht}	9	1	初始对感知源是完全信任的	—
T_{base}	480	h	由公式（4.1）计算得到	—
time^{base}	0	h	初始第 1 个数时无历史数据	—

4.4.3.2　*K*-Means 聚类结果示例

聚类分析是在数据中发现数据对象之间的关系，将数据进行分组，组内的相似性越大，组间的差别越大，则聚类效果越好。*K*-Means 是聚类算法中的一种，其中 *K* 表示类别数，Means 表示均值。顾名思义，*K*-Means 是一种通过均值对数据点进行聚类的算法。*K*-Means 算法通过预先设定的 *K* 值，随机选定 *K* 个类别的初始质心，然后对相似的数据点进行划分，并通过划分后的均值迭代优化获得最优的聚类结果。该算法的优势是实现简单，适用性强；不足之处在于 *K* 值需要预先设定，有时很难给出，并且对初始选取的聚类中心是敏感的。其基本流程如图 4.2 所示。

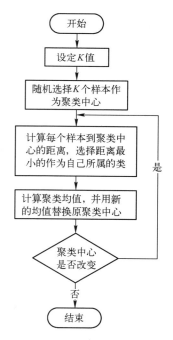

图 4.2　*K*-Means 算法过程

本部分引入 K-Means 算法对时间窗内的历史数据进行聚类
分析，由此得到各数据参与基准数据计算的权值。以感知源编
号为 1 的数据为例，使用 K-Means 聚类算法聚类的结果分别如
图 4.3 和图 4.4 所示，即将待分析数据聚合为 2 类和 3 类的情
况，为了便于图示，将除 $PM_{2.5}$ 和 PM_{10} 之外的其他指标求均值参
与绘图。

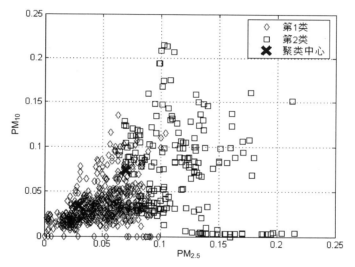

图 4.3　两类的聚类结果

聚合为两类的情况下，第 1 类包含 520 条数据记录，第 2 类
包含 200 条数据记录；聚合为三类的情况下第 1 类有 110 条，第
2 类有 255 条，第 3 类有 355 条，由此可得到各子集所占比例
P_i，可通过下式计算：

$$P_i = m_i / \text{Number}_{\text{Total}} \tag{4.12}$$

其中，m_i 表示第 i 类所含记录数，$\text{Number}_{\text{Total}}$ 表示该感知源
所选取的分析数据的总数。

通过图 4.3 和图 4.4 可以看出，雾霾监测所得数据相对比较

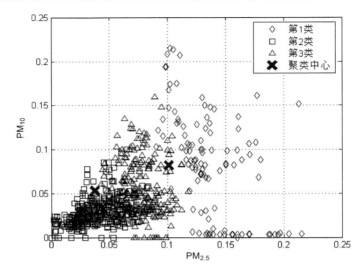

图 4.4　三类聚合结果

集中，当选择聚类为两类和三类时，其聚类效果变化不大，同样我们也对聚类为四类和五类的情况进行验证，得到的结论是聚类为两类就可以实现将绝大多数数据归类的目的，因此在本部分中，我们选择的聚类个数为 2，然后统计每类中包含的数据条目，通过每类中的数据条目数，获得该类数据参与基准数据求解中的权值。根据聚类结果，已经将绝大部分数据归结到两类中，虽有个别的孤立点存在，但不影响最终的计算结果。对于在聚类中产生的个别孤立点，我们的处理策略是将其随机加入两类中的任一类参与计算。

由图 4.3 可以看出，在聚为两类的情况下，虽有少量的记录远离聚类中心，但大部分记录已经完成了聚集。而在图 4.4 中可以看出，虽将聚合的类增加到 3 个，但离散记录的情况没有明显改善，因此在本章中，采纳了聚合为两类的结果。

4.4.4　数据信任计算

数据信任的计算较为简单，仍以第 1 个感知源为例，设定偏移阈值向量如下，在本章中其取值采用的是已有数据的统计值得到：

$$Threshold_{offset} = \{0.120, 0.066, 0.003, 0.017, 0.020, \\ 0.109, 0.023, 0.050, 0.011\}$$

已知 10 月 1 日 00 时的数据向量如下：

$$CDATA = \{0.001, 0.091, 0.001, 0.036, 0.038, \\ 0.021, 0.018, 0.06, 0.038\}$$

结合公式（4.7），得到的数据信任为：

$$T_{data} = \sum_{i=1}^{N} (f(cdata_i, hdata_i^{base}, th_i))$$
$$= \sum_{i=1}^{N} (\mid hdata_i^{base} - hdata_i^{base} \mid < th_i?1:0) = 7$$

4.4.5　邻居推荐信任计算

由表 4.4 得知，编码为 1 的感知源的邻居是编码为 7 和编码为 10 的感知源，7 和 10 的基准数据向量计算得到的结果如下：

$$Threshold_{nbr} = \{0.240, 0.132, 0.006, 0.034, 0.040, 0.218, \\ 0.046, 0.100, 0.022\}$$

$$CDATA^7 = \{0.002, 0.394, 0.0, 0.025, 0.026, 0.042, \\ 0.038, 0.065, 0.036\}$$

$$CDATA^{10} = \{0.008, 0.783, 0.0, 0.002, 0.038, 0.011, \\ 0.029, 0.066, 0.043\}$$

根据公式（4.9），计算得到 T_{nbr}。

$$T_{nbr} = \sum_{i=1}^{k} \Big(\sum_{j=1}^{N} f(cdata_j, cdata_j^{A_i^{nbr}}, 2*th_i) \Big) / k = 7$$

4.4.6 综合信任度计算

结合前述计算出的数据信任和邻居推荐信任及已知的历史信任（在此历史信任为 $T_{ht}=8$），设定加权系数$(\alpha,\beta,\gamma)=(0.3,0.2,0.5)$，则根据公式（4.10）可计算得到综合信任度：

$$T_{cp}=\alpha\times T_{data}+\beta\times T_{nbr}+\gamma\times T_{ht}=0.3\times7+0.2\times7+0.5\times8=8$$

4.4.7 算法检出率和漏报情况统计

图 4.5 显示了采用本部分算法后，异常监测点检出情况、漏报情况和误警情况的统计。

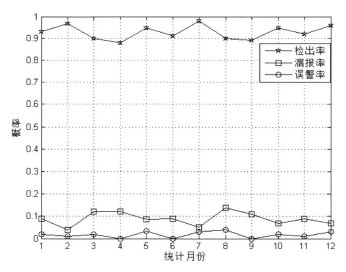

图 4.5 检出率、漏报率和误警率统计

从图中可以看出，采用信任模型对雾霾感知源进行评价后，平均检出率能够保持在 90% 以上，而平均漏报率维持在 10% 以下，平均误警率在 5% 以下。由此可以看出，在使用信任模型后，虽有一定的漏报和误警的情况，但其值不高，而检出率则平均达到 90% 以上，因此本章模型能够有效检出雾霾监测中出现的监测点异常的情况，保障了监测数据的可信。

4.5　本章小结

本章结合雾霾数据，针对数据的有效性问题，提出了一种雾霾感知源信任评价模型。该模型从感知源自身数据、邻居数据及历史状态设计了三种信任度，即数据信任、邻居推荐信任和历史信任，通过数据分析并结合用户、专家经验或统计结果给出了一种有效的信任计算模型。该模型在某省实际监测数据的基础上进行了验证，仿真结果显示该模型方法能够较好地对雾霾感知源进行评价。同时本章也结合信任评价结果及用户设定的阈值给出了一种简单的雾霾感知源筛选机制，对降低数据规模、提高数据的处理效率和增加决策支持力度具有积极意义。

本章研究成果发表在《计算机应用学报》上[131]。

第5章　多因素信任模型设计

为了保证物联网中数据的可靠和可信，本部分提出了一种多因素信任模型设计及应用的方法，并给出了基于信任的数据融合思路。首先对信任评价模型的结构进行了介绍，然后详细论述了信任值的计算规则。在信任评价模型中，综合信任由三部分组成，分别是行为信任、数据信任和历史信任。数据信任可以通过对传感器所感知的数据进行分析得到。行为信任由结点在感知或转发数据时的行为状态分析得到。历史信任的初始值设定为最大值，即认为结点是初始可信的，后续会随着综合信任的取值而动态更新。综合信任是行为信任、数据信任和历史信任综合的结果，其取值采用对上述三种信任进行加权计算得到。信任模型构建完成后，可通过信任模型的计算结果指导信任列表的更新，并指导数据融合的过程。本部分采用 OMNeT++搭建仿真平台，仿真结果表明，在引入信任模型后，结点的能量消耗平均可以降低 15%。异常数据的检测率比 LDTS（the lightweight and dependable trust system）算法提高了 10%。因此，该模型在保证数据的可靠性和可信性方面具有良好的性能。此外，传输能耗也大大降低。

5.1　问题描述

近年来，物联网技术的研究和应用受到了世界各国的广泛关注。在物联网所采用的感知和网络技术中，无线传感器网络是其应用最广泛的技术之一。因此随着物联网应用领域和应用范围的进一步扩展，无线传感器网络的应用场景也在不断发生变化。在其应用过程中，由传感器所感知的数据规模出现了爆炸式增长，因此对所感知的数据的可靠和可信问题的研究被提上日程，它是确保无线传感器网络能持续发展的保障。由于无线传感器网络及物联网的应用在很多情况下都处于开放的环境中，所以很难定义一个安全的边界，并且也不能保证在感知、传输、处理或其他操作的过程中数据不会产生变化。而在大规模的部署环境中，很难直接应用传统的安全策略和方法。此外，无线传感器网络是一个资源受限的环境，在其上运行的应用程序在计算、存储和能量资源上都受到很大的限制。因此，设计满足计算和存储资源要求并尽可能降低能耗的应用是无线传感器网络所必须考虑的问题。

在实际的应用场景中，物联网会部署在一个非常大的区域内，包含大量的感知结点。这些结点通常会执行特定的监测任务，监测区域内的某些指标数据，然后将监测的数据通过无线或有线的方式传输到控制中心进行进一步的分析处理。然而，由于无线传感器网络部署环境的开放性，使得结点极易受到非法的攻击，诸如窃听、结点伪装和物理破坏，等等。这些攻击都有可能导致数据的不可靠和不可信。因此，有必要研究相关的策略或方法，对所感知的数据的可靠和可信进行保障，同时尽可能地降低能耗。

5.2 研究的动因

物联网环境中对象的行为模式和感知的数据能够反映对象的状态，本部分的研究工作基于此种特性，通过设计与行为和数据相关的信任计算规则，实现通过信任表征物联网中对象的状态目标。例如，当一个对象处于异常状态时，其行为模式或感知的数据很可能是异常的，由此通过对行为和数据的评价实现对象信任值的调整。这种特点，在包含数据感知和数据转发的应用场景中是一种普遍的现象。

在本部分中，信任模型包含了 3 个部分，分别是数据信任、行为信任和历史信任，通过对这三种信任的加权计算获得对象的综合信任。在数据信任的计算过程中会综合考虑对象所感知的实时数据、历史数据，以及该对象所在的区域数据，从而得到一个相对精确的数据信任值，这也能够在一定程度上确保数据信任的一致性，减少误报的比例。行为信任的计算是基于对象异常行为的统计而得到，历史信任的初始值是给定的，后续其值会随着综合信任值的变化而动态调整。在模型中，为了实现信任值的自动更新，设定了若干个阈值，根据信任值和阈值的不同关系，实现信任值的不同更新规则。

在此，我们将无线传感器网络中的对象分为三类，一类是感知对象，一类是决策对象，还有一类是复合对象。其中，感知对象仅仅包含数据的感知或数据转发功能，不进行本级的信任值的计算，决策对象则负责其相邻的下级感知对象信任值的计算，复合对象则是这两种对象的组合。信任模型可以被看作是异常检测的一种简单形式，检测的基础取决于感知对象、决策对象及复合对象之间的信任程度。信任值的计算和存储都位于决策对象或复合对象上。从而信任值的可靠性可以得到保证。进而，将信任模型引入到在数据融合过程中，可以减少融合数据的规模，进一步降低能耗。因此，本章提出一种简单的基于信任模型的数据融合策略，利用信任模型和给定阈值，可以排除融合数据中的异常数据。

我们的模型具有以下特点：

第一，实现简单，在资源受限的设备中很容易部署；

第二，信任值是动态的，可以应对变化的环境；

第三，感知数据在信任值计算中起着关键作用，可以充分利用数据实现结点状态的判定；

第四，模型只依赖于感知的数据和对象的行为，不局限于特定的感知技术。

5.3 信任模型设计

该模型主要用于解决物联网感知层结点的信任评价问题。物联网感知层包含了感知结点、中继结点和汇聚结点这三种类型的结点，各有不同的行为和数据。在本部分，我们只针对感知结点和中继结点进行评价。由于汇聚结点是直接与网关进行通信的，其安全性相对比较容易保证，因此在此不单独讨论。在工作过程中，感知结点负责感知和收集数据并将其传递给中继结点，然后，中继结点对数据进行融合并将融合后的数据传送到汇聚结点。感知结点信任值的计算由中继结点负责完成，而中继结点的信任值计算则由汇聚结点完成。

在该模型中，信任评价由三部分构成，分别是行为信任、数据信任和历史信任。为了使得结点的信任评价既能体现实时数据和行为的影响，又能体现历史数据和行为的作用，在此行为信任包括了直接行为信任和历史行为信任两部分内容。数据信任由直接数据信任、区域相对信任和历史数据信任构成。历史信任的初始值在此是给定的，并能够根据综合信任及相应阈值的关系进行更新，信任评价模型如图 5.1 所示。

本章研究内容较好地利用了物联网中结点的感知数据和行为。

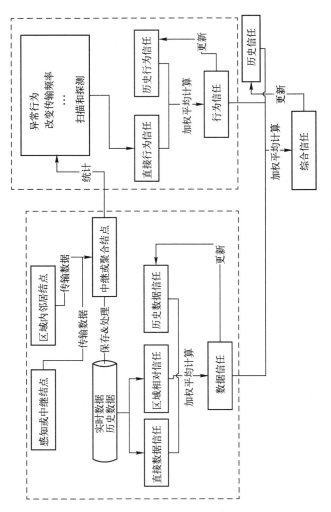

图5.1 多因素信任评价模型

5.4 感知结点的信任评价

5.4.1 感知结点的数据信任

在无线传感器网络的应用场景中，为了获得更准确的信息，通常需要将大量的传感器结点部署在监测区域。这样可以降低对单个传感器结点的精度要求，进而可以降低成本。此外，大量冗余结点也使得系统具有较强的容错能力，可以提高监控区域的覆盖范围，减少盲区。这些特性给我们提供了使用监测数据进行信任评价的机会。本部分提出的数据信任由直接数据信任、区域相对信任和历史数据信任三部分组成，充分发挥了实时数据、区域内其他结点的数据和历史数据的作用，能够较准确地对感知结点的状态进行评价。

1. 直接数据信任

在模型中，中继结点负责保存感知结点的历史数据。在此假定，正常情况下，无线传感器网络所监测的各个指标的取值都是连续的，不存在跳跃性变化。因此，在理论上可以得出实时监测数据和近期的历史数据之间的差值应该在一定的范围内，而不会有太大的跳变。如果出现差值过大的情况，就可以判定该感知结点出现了异常。因此，直接数据信任值可以通过某个感知结点的实时数据和该结点的历史数据之间的关系进行计算。结点的历史数据使用近一段时间内该结点感知数据的均值。设第 i 个结点的实时监测数据记作 $^{r}\mathrm{Data}_i$，历史数据记作 $^{h}\mathrm{Data}_i$，其直接数据信任记作 $^{\mathrm{ddt}}_{\mathrm{data}}T_i$。则直接数据信任可按如下公式计算得到。

$$
\begin{aligned}
^{\mathrm{ddt}}_{\mathrm{data}}T_i = \lfloor \ \mathrm{MAX} \times ((\ (\ | \ ^{r}\mathrm{Data}_i - {}^{h}\mathrm{Data}_i \ | - {}^{\mathrm{ddt}}K) \\
> 0 ? 0 : \ | \ | \ ^{r}\mathrm{Data}_i - {}^{h}\mathrm{Data}_i \ | - {}^{\mathrm{ddt}}K \ |) / {}^{\mathrm{ddt}}K) \rfloor
\end{aligned} \tag{5.1}
$$

其中，MAX 是由专家设定或根据经验设定的最大信任值；^{ddt}K 是一个阈值，用于表示实时监测数据和历史数据之差的绝对值的上限，也是由专家设定或根据经验设定的；$^{ddt}_{data}T_i$ 的初始值被设定为最大并且其取值范围满足条件 $^{ddt}_{data}T_i \in [0, MAX]$。

例如，假定 $^rData_i = 28.8$，$^hData_i = 26$，$^{ddt}K = 5$，MAX = 100，则根据公式（5.1）可计算得到直接数据信任，计算过程如下：

$$^{ddt}_{data}T_i = \lfloor 100 \times (((|28.8-26|-5)>0?0:||28.8-26|-5|)/5) \rfloor$$
$$= \lfloor 100 \times ((-2.2>0?0:2.2)/5) \rfloor$$
$$= \lfloor 100 \times (2.2/5) \rfloor = \lfloor 44 \rfloor = 44$$

2. 区域相对信任

区域是指与同一个中继结点进行通信的所有感知结点的集合，同一个区域内结点之间互为邻居关系，区域内的中继结点会维护一个信任列表，用于保存其信任的同一个区域的结点，信任列表初始包含区域内的所有结点。理论上，在一个特定的区域内，同一个监测指标的实时数据的差值应该在一定的范围内。基于此，给出了区域相对信任的计算规则。在进行区域相对信任计算时，为了简化，我们使用区域内其他被信任结点的实时监测数据的平均值参与运算。设第 i 个感知结点有 n 个邻居是可信的，也就意味着其信任列表中包含 n 个结点。信任列表中各个邻居结点的实时监测数据的均值记作 $^nAVER_i$，该值可由公式（5.2）计算得到，其中 j 是一个自然数，其取值满足条件 $j \in [1, n]$。

$$^nAVER_i = \sum_{j=1}^{n} {}^rData_j/n \qquad (5.2)$$

dif_i^{rrt} 表示第 i 个结点的实时监测数据和区域内可信结点实时均值数据之差的绝对值，其计算规则如下：

$$dif_i^{rrt} = \begin{cases} {}^{rrt}K, & {}^nAVER_i = 0 \\ (|{}^rData_i - {}^nAVER_i| - {}^{rrt}K)>0?0: \\ ||{}^rData_i - {}^nAVER_i| - {}^{rrt}K|, & {}^nAVER_i \neq 0 \end{cases}$$

第 i 个结点的区域相对信任记作：${}_{\text{data}}^{\text{rrt}} T_i$，可由公式（5.3）得到。

$$ {}_{\text{data}}^{\text{rrt}} T_i = \lceil \text{MAX} \times (\text{dif}_i^{\text{rrt}} / {}^{\text{rrt}}K) \rceil \tag{5.3} $$

其中 MAX 表示信任值的最大取值，它由专家设定或根据经验设定。${}^{\text{rrt}}K$ 是一个阈值，用于表示第 i 个结点的实时监测数据和其 n 个邻居的实时均值之差的绝对值上限，由专家设定或根据经验设定。${}_{\text{data}}^{\text{rrt}} T_i$ 的初始值被设定为最大并且其取值范围满足条件：${}_{\text{data}}^{\text{rrt}} T_i \in [0, \text{MAX}]$。

3. 感知结点的数据信任

数据信任由直接数据信任、区域相对信任和历史数据信任加权平均得到。其中，直接数据信任和区域相对信任可以分别由公式（5.1）和公式（5.3）得到，历史数据信任的初始值是由人工设定的，之后其值会随着数据信任与阈值的关系进行自动更新。设第 i 个结点的数据信任为 ${}_{\text{data}} T_i$，历史信任为 ${}_{\text{data}}^{\text{hdt}} T_i$，则数据信任的计算方法如公式（5.4）所示：

$$ {}_{\text{data}} T_i = \lceil \alpha \times {}_{\text{data}}^{\text{ddt}} T_i + \beta \times {}_{\text{data}}^{\text{rrt}} T_i + \gamma \times {}_{\text{data}}^{\text{hdt}} T_i \rceil \tag{5.4} $$

其中 α，β，γ 是权重因子，其取值满足 $0 < \alpha$，β，$\gamma < 1$，$\alpha + \beta + \gamma = 1$，可由用户、专家设定或根据经验设定。

4. 历史数据信任

历史数据信任的初始值是由人工设定的，之后其值会随着数据信任与阈值的关系进行自动更新。为了更新计算历史数据信任，在此设定了两个阈值，分别是数据疑似阈值（记作 $\text{Th}_{\text{susp}}^{\text{data}}$）和数据异常阈值（记作 $\text{Th}_{\text{abn}}^{\text{data}}$），则历史数据信任的更新规则如公式（5.5）所示：

$$ {}_{\text{data}}^{\text{hdt}} T_i = \begin{cases} {}_{\text{data}} T_i, & {}_{\text{data}} T_i \geqslant \text{Th}_{\text{susp}}^{\text{data}} \\ {}_{\text{data}} T_i - | {}_{\text{data}} T_i - \text{Th}_{\text{susp}}^{\text{data}} |, & \text{Th}_{\text{abn}}^{\text{data}} \leqslant {}_{\text{data}} T_i < \text{Th}_{\text{susp}}^{\text{data}} \\ {}_{\text{data}} T_i - \tau_{\text{data}} \times | {}_{\text{data}} T_i - \text{Th}_{\text{abn}}^{\text{data}} |, & {}_{\text{data}} T_i < \text{Th}_{\text{abn}}^{\text{data}} \end{cases} \tag{5.5} $$

其中 $\tau_{\text{data}}(\tau_{\text{data}} \geqslant 1)$ 是惩罚因子，用于调整惩罚力度，其取

值由专家或根据经验设定。

5.4.2 感知结点的行为信任

除了数据之外，结点的行为特征也是结点状态的一个重要反映。感知结点的恶意行为主要包括恶意篡改信息、注入攻击、改变传输频率、扫描和探测等。其中恶意篡改数据和注入攻击的行为可以通过数据异常实现检测，因此，对结点的恶意行为只考虑改变传输频率及扫描和探测等情况。感知结点的行为信任包含直接行为信任和历史行为信任两个内容。

1. 直接行为信任

一般而言，为了便于数据的处理，在无线传感器网络的应用中，感知数据的传输频率设定为固定取值，因此传输频率是否正常成为判断结点状态是否正常的重要指标。设定结点的标准传输频率为 M，第 i 个结点的实际传输频率为 m_i。当网络处于稳定状态时，每个感知结点的中继结点也是稳定的，如果此时出现感知结点扫描或探测其他中继结点的行为，则被认为是异常。设定第 i 个结点扫描或探测的次数为 t_i，其直接行为信任记作 $_{\text{behavior}}^{\text{dbt}}T_i$，则直接行为信任可由公式（5.6）计算得到：

$$_{\text{behavior}}^{\text{dbt}}T_i = \varepsilon_1 \times \lfloor \text{MAX} \times ((m_i < (M-\delta) \&\& m_i < (M+\delta))$$
$$?1:0) \rfloor + \varepsilon_2 \times \lfloor \text{MAX} \times (\text{dif}_i^{\text{dbt}}/\text{TH}_{\text{sp}}) \rfloor \qquad (5.6)$$

其中，MAX 取值同前，为信任值的最大值；ε_1 和 ε_2 为权重因子，并满足 $0 < \varepsilon_1, \varepsilon_2 < 1, \varepsilon_1 + \varepsilon_2 = 1$，其值可由用户、专家设定或者为经验值；$\delta$ 为容错因子，TH_{sp} 是一个阈值，表示扫描或探测次数的最大上限，$\text{dif}_i^{\text{dbt}}$ 为便于计算引入的中间量，其计算公式如下：

$$\text{dif}_i^{\text{dbt}} = t_i > \text{TH}_{\text{sp}} ?0 : |t_i - \text{TH}_{\text{sp}}|$$

2. 感知结点的行为信任

行为信任可由直接行为信任和历史行为信任加权计算得到。

此处，历史行为信任的初始值由人为设定，而后根据行为信任的取值和阈值实现自动更新。设第 i 个结点的行为信任为$_{\text{behavior}} T_i$，其历史行为信任为$_{\text{behavior}}^{\text{hbt}} T_i$。则行为信任的计算方法如公式（5.7）所示。

$$_{\text{behavior}} T_i = \lceil \lambda_1 \times _{\text{behavior}}^{\text{dbt}} T_i + \lambda_2 \times _{\text{behavior}}^{\text{hbt}} T_i \rceil \tag{5.7}$$

其中，λ_1，λ_2 为权重因子，其取值满足 $0 < \lambda_1$，$\lambda_2 < 1$，$\lambda_1 + \lambda_2 = 1$，其取值由用户、专家设定或是经验值。

3. 历史行为信任

历史行为信任的初始值由人为设定，一般设定为 MAX，之后根据行为信任的取值和阈值实现自动更新。为了实现历史行为信任的更新，在此给出两个阈值，分别是行为疑似阈值（记作$\text{Th}_{\text{susp}}^{\text{behavior}}$）和行为异常阈值（记作$\text{Th}_{\text{abn}}^{\text{behavior}}$）。公式（5.8）给出了历史行为信任的取值方法。

$$_{\text{behavior}}^{\text{hdt}} T_i = \begin{cases} _{\text{behavior}} T_i, _{\text{behavior}} T_i \geqslant \text{Th}_{\text{susp}}^{\text{behavior}} \\ _{\text{behavior}} T_i - | _{\text{behavior}} T_i - \text{Th}_{\text{susp}}^{\text{behavior}} |, \\ \quad \text{Th}_{\text{abn}}^{\text{behavior}} \leqslant _{\text{behavior}} T_i < \text{Th}_{\text{susp}}^{\text{behavior}} \\ _{\text{behavior}} T_i - \tau_{\text{behavior}} \times | _{\text{behavior}} T_i - \text{Th}_{\text{abn}}^{\text{behavior}} |, \\ \quad _{\text{behavior}} T_i < \text{Th}_{\text{abn}}^{\text{behavior}} \end{cases} \tag{5.8}$$

其中，$\tau_{\text{behavior}}(\tau_{\text{behavior}} \geqslant 1)$ 是惩罚因子，用于调整异常时的惩罚强度。

5.4.3　感知结点的综合信任

综合信任可由数据信任、行为信任和历史信任加权平均得到。数据信任和行为信任的取值可由公式（5.4）和公式（5.7）计算获得，历史信任的初始值由人工设定，之后会随着综合信任及阈值的关系进行更新。设第 i 个结点的综合信任为 T_i，第 i 个结点的历史信任记作$_{\text{history}} T_i$。则综合信任可由公式（5.9）计算得到。

$$T_i = \lceil \phi_1 \times_{\text{data}} T_i + \phi_2 \times_{\text{behavior}} T_i + \phi_3 \times_{\text{history}} T_i \rceil \tag{5.9}$$

其中 ϕ_1, ϕ_2, ϕ_3 是权重因子，其取值满足 $0 < \phi_1, \phi_2, \phi_3 < 1$，$\phi_1 + \phi_2 + \phi_3 = 1$，可由用户、专家设定或是经验值。

5.4.4　感知结点的历史信任

感知结点历史信任的初始值也是由人工设定的，一般取最大信任值 MAX，其后的取值依据综合信任和设定的阈值的关系进行更新，可由公式（5.10）计算得到。

$$_{\text{history}}T_i = \begin{cases} T_i, T_i \geqslant \text{Th}_{\text{susp}} \\ T_i - | T_i - \text{Th}_{\text{susp}} |, \text{Th}_{\text{abn}} \leqslant T_i < \text{Th}_{\text{susp}} \\ T_i - \tau \times | T_i - \text{Th}_{\text{abn}} |, T_i < \text{Th}_{\text{abn}} \end{cases} \tag{5.10}$$

其中，$\tau(\tau \geqslant 1)$ 是惩罚因子，用于调整惩罚强度；Th_{susp} 和 Th_{abn} 分别是疑似阈值和异常阈值。

5.5　中继结点信任评价及信任列表

中继结点负责感知结点信任值的计算、数据转发、历史数据存储和数据融合的任务。汇聚结点负责完成中继结点信任值的计算和存储，同样包含三个内容：数据信任、行为信任和历史信任，然后通过加权平均得到综合信任。

5.5.1　中继结点信任计算

中继结点信任的计算过程与感知结点类似，区别主要集中于数据内容及区域的定义上。中继结点中的数据使用的是融合后的数据，而区域指的是在一定范围内的所有中继结点的集合，比如在一个半径为 R 的圆形区域内的所有中继结点的集合，或者也可以定义为和同一个汇聚结点进行通信的所有中继结点的集合。因此中继结点信任的计算过程在此不再展开介绍。

5.5.2　信任列表

为了保证在进行数据融合时，被融合的数据自身是可靠的，在此，我们引入了信任列表的概念。每个中继结点都会维护一个信任列表，用于维护与其通信的可信的感知结点。每个感知结点在加入网络时，都需要经过严格的认证过程，因此初始情况下，信任列表包含区域内的所有感知结点。在随后的操作中，信任列表依据感知结点的综合信任值与阈值的关系进行更新，更新过程如图 5.2 所示。

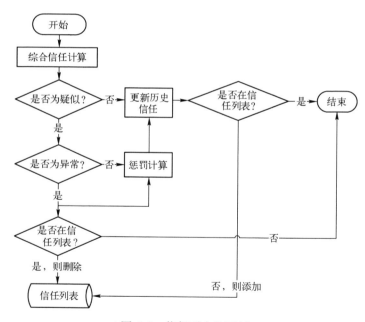

图 5.2　信任列表的更新

图 5.2 展示了历史信任和信任列表的更新过程。根据公式（5.10）可得如下的计算规则：

如果综合信任高于或等于疑似阈值，则历史信任等于综合信任，认为结点是可信的，在更新历史信任之后，会检查信任列表，如果该结点不在信任列表中，则将其加入信任列表；

如果综合信任低于疑似阈值，高于或等于异常阈值，则认为感知结点是可疑的，此时历史信任的更新需要使用惩罚计算后的结果，在更新历史信任之后，会检查信任列表，如果该结点不在信任列表中，则将其加入信任列表；

如果综合信任低于异常阈值，则认为该结点是不可信的，则用惩罚计算获得新的历史信任之后，将该结点从信任列表中删除。

5.6　基于信任评价模型的数据融合

无线传感器网络往往包含大量的感知结点，因此由潜在冲突和冗余数据传输带来了新的可伸缩性问题。考虑到能量的限制，为了增加传感器结点的生存期，需要减少通信的规模。而数据融合可以将多个数据融合在一起，在进行转发时，只需转发融合后的数据即可，由此可以减少通信量和降低碰撞概率，因此数据融合技术在中继结点上得到了广泛应用。

现有的数据融合算法，如中值融合算法、平均函数的融合算法和异构融合算法等，均没有考虑结点是否可靠的问题[122-124]。当进行融合的时候，各个数据的权重都是相同且固定的。然而，实际的网络状态经常会随着环境的变化而改变，因此采用相同且固定的权重，必然导致融合后数据的不准确。本部分提出一种基于信任模型的数据融合机制，每个结点数据的权重由其信任值确定，同时结合信任列表，不可信的结点不参与数据融合过程，从而可以提高融合后数据的准确性。设定信任列表中包含 H 个结点，融合后的数据记作 $data^f$，则 $data^f$ 可由公式（5.11）得到。

$$\text{data}^f = \frac{\sum_{i=1}^{H} (\ _{\text{data}}T_i > = \text{Th}_{\text{susp}}^{\text{data}} ? T_i \times^r \text{data}_i : 0)}{\sum_{i=1}^{H} (\ _{\text{data}}T_i > = \text{Th}_{\text{susp}}^{\text{data}} ? T_i : 0)} \tag{5.11}$$

本部分的融合算法具有两个特点：一是数据的可靠，要求参与融合的数据必须来自信任列表中的结点；二是数据的权重是动态可变的，会随着综合信任值的变化而变化。这些特点使得融合的结果更加准确。数据融合算法的框架如图 5.3 所示。

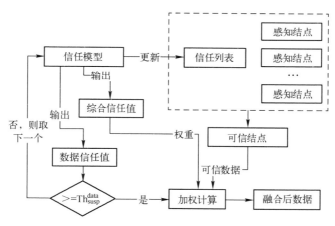

图 5.3　数据融合算法的框架

5.7　仿真环境和参数设定

数据的采集是周期性进行的，每个周期为一个轮次，每个轮次包含成簇和数据传输两个阶段。在数据传输阶段，感知结点感知数据并将数据传输给中继结点（簇头）。中继结点执行数据融合并将数据传输给汇聚结点。簇头是动态的，每个轮次都会重新计算簇头。当一个结点被选择成为簇头，它就不在负责数据的感知，仅仅完成数据融合和数据转发的任务。在本部分，感知结点信任值的计算是由簇头完成的，而簇头的信任值计算则由汇聚结点完成。

本部分的仿真实验是在 OMNeT++ 平台上完成的，仿真环境参数的设定如表 5.1 所示。在仿真中，我们选择的基础路由协议是 sLEACH（solar low-energy adaptive clustering hierarchy algorithm）协议，该协议能够较好地利用结点能量的情况实现簇头的选择。在实现中，我们通过将模型实现的代码嵌入到 sLEACH 协议的实现中，所实现的模型算法用到的各参数取值如表 5.2 所示。

表 5.1　仿真环境的参数设定

参　数　名	参　数　值	参　数　名	参　数　值
结点个数	20	轮次	3
结点分布范围	200 m×200 m	每轮次时间	90 time units
簇头个数	3	每轮次发送的帧个数	5
结点的初始能量	0.2 J	仿真时间上限	200 s

为了简化仿真过程，在此我们将数据疑似阈值、数据异常阈值、行为疑似阈值、行为异常阈值、疑似阈值和行为阈值设定为取相同的取值，异常均为 70，疑似均为 80；最大信任值取为 100；直接数据信任和区域推荐信任的偏移阈值分别取 0.2 和 0.5，直接数据信任的偏移较小，目的是让直接数据信任能够对数据更敏感；惩罚因子取值 1.1，各个惩罚因子取相同且固定取值。

表 5.2　模型参数设定

参　数　名	参　数　值	参　数　名	参　数　值
MAX	100	TH_{sp}	5
$(^{ddt}K, ^{rrt}K)$	(0.2, 0.5)	(λ_1, λ_2)	(0.4, 0.6)
(α, β, γ)	(0.2, 0.3, 0.5)	$(Th_{abn}^{behavior}, Th_{susp}^{behavior})$	(70, 80)

参　数　名	参　数　值	参　数　名	参　数　值
$(\mathrm{Th}_{\mathrm{abn}}^{\mathrm{data}},\mathrm{Th}_{\mathrm{susp}}^{\mathrm{data}})$	$(70,\ 80)$	τ_{behavior}	1.1
τ_{data}	1.1	(ϕ_1,ϕ_2,ϕ_3)	$(0.3,\ 0.3,\ 0.4)$
$(\varepsilon_1,\varepsilon_2)$	$(0.5,\ 0.5)$	$(\mathrm{Th}_{\mathrm{abn}},\mathrm{Th}_{\mathrm{susp}})$	$(70,\ 80)$
δ	$0,\ 1,\ 2$	τ	1.1

5.8　仿真及结果分析

5.8.1　结点的分布和拓扑结构

仿真中，我们设定结点个数为 20 个，随机分布在一个 $200\,\mathrm{m}\times200\,\mathrm{m}$ 的正方形区域内，其分布情况如图 5.4 所示。

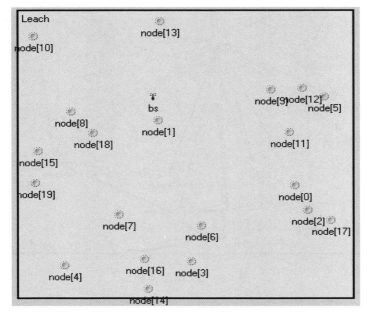

图 5.4　结点分布

　　图 5.4 所示的 20 个结点中，有 1 个汇聚结点，3 个中继
（簇头）结点，簇头结点的选择是由汇聚结点完成的。在每
次仿真中，包含 3 个轮次，每个轮次，簇头都会被重新
计算。

　　图 5.5 至图 5.7 分别是一次仿真中 3 个轮次的拓扑图。
簇头和簇内结点的情况如表 5.3 所示。由于簇头的选择考虑
了其能量和所处位置的因素，所以每个轮次簇头和簇内结点
会有一定变化，图 5.5 至图 5.7 和表 5.3 显示了每个轮次的
不同。

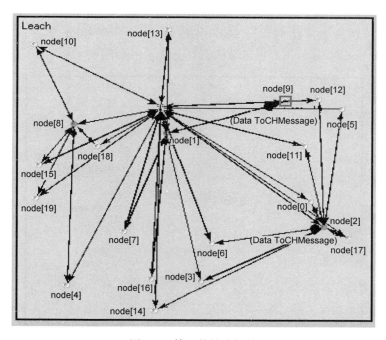

图 5.5　第 1 轮结点拓扑

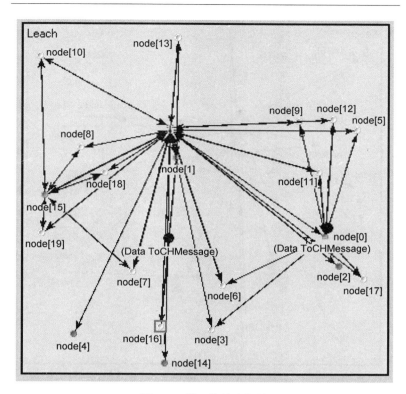

图 5.6 第 2 轮结点拓扑

表 5.3 每轮的簇头和簇内结点

轮 次	簇 头 编 号	簇内结点编号
	1	7,9,13,16
1	2	0,3,5,6,11,12,14,17
	8	4,10,15,18,19
	0	3,5,6,9,11,12,17
2	1	13,16
	15	7,8,10,18,19
	1	8,9,10,11,13,16,18
3	6	7,17
	19	15

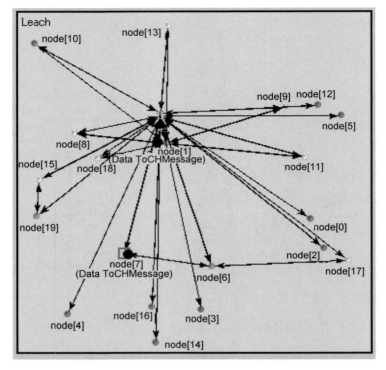

图 5.7　第 3 轮结点拓扑

5.8.2　仿真数据

在本章实验中，为了能够有效评价模型效果，设定所有结点监测相同的数据指标，数据通过符合正态分布的随机函数自动生成，同时随机选择结点生成异常数据。数据的生成过程如图 5.8 所示，可以看出，异常数据的产生由一个随机数实现控制，当结点的 ID 号等于随机产生的 ID 号时，就生成异常数据。否则生产正常数据。通过这种实现机制，能够保障大部分结点产生的都是正常数据，只有极个别结点偶尔产生异常数据，用于验证单个异常数据时信任的变化趋势。同时通过修改随机种子，可以实现某几个结点连续产生异常数据，从而实现连续异常数据时的模型效果的验证。

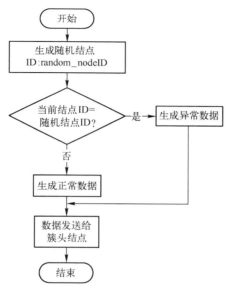

图 5.8　数据生成过程

5.8.3　能量和结点存活率的改善

在物联网中，主要的能耗来自通信。在仿真中，通过信任值管理结点和簇头之间的连接。当传感器结点的信任值小于异常阈值时，簇头断开，从而降低了能量消耗。从图 5.9 中可以看出，使用信任模型的算法，结点死亡的数量更少，因此，信任模型可以提高结点的生存率。图 5.10 显示了在采用信任模型和不采用信任模型时，簇头结点 6，15 和 19 的能量变化趋势。从图中可以看出，引入信任模型后，由于对不信任的结点采用断连的策略，因此使得总的通信规模降低了，从而降低了能量开销。

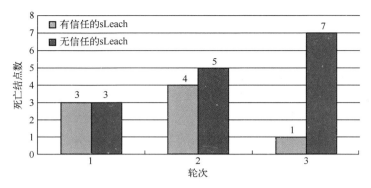

图 5.9　结点死亡数比较

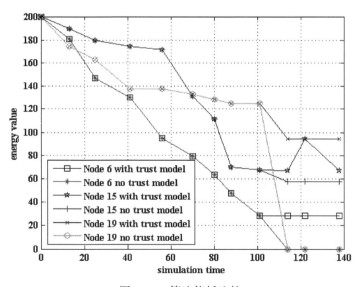

图 5.10　算法能耗比较

5.8.4　信任值比较

当结点处于不同状态时，结点信任值的变化趋势也反映了模型的有效性。图 5.11、图 5.12 和图 5.13 显示了不同状态下结点信任值的变化趋势。

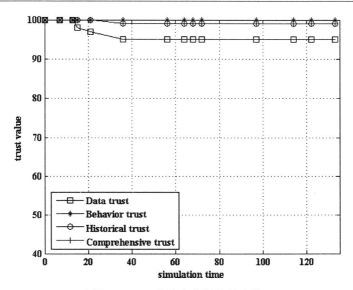

图 5.11 正常结点信任值的比较

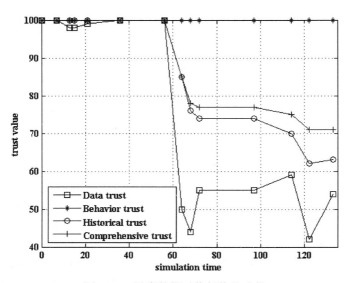

图 5.12 异常数据时信任值的比较

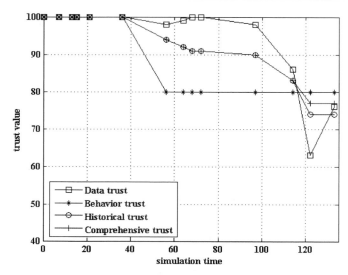

图 5.13　可疑数据和行为时信任值的比较

图 5.11 显示，正常结点的信任值在整个过程中都不小于
90。图 5.12 表明，当结点数据异常时，数据信任显著降低。然
而，由于惯性，综合信任仍然保持在一个较高的水平。可以看
出，如果异常数据是个别情况，则信任值会逐渐恢复。但是，
如果异常数据连续或长时间存在，综合信任值会迅速降低。
图 5.13 表明，如果可疑数据或可疑行为存在，信任值将会减
少。在这种情况下，综合信任通常大于可疑阈值。

5.8.5　融合数据的比较

在引入信任模型后，对数据融合的过程会基于结点信任值
的情况而调整，在融合时只对可信列表中的结点进行数据融合，
而对于不在信任列表中的数据，则不参与融合的过程，因此异
常数据就不会影响融合后数据的结果。通过仿真实验表明，使
用信任模型可以提高数据融合的准确性。图 5.14 显示，使用信
任模型的数据融合具有较低的标准差，也就是说，在采用信

模型后，数据偏差的程度降低了。就是因为将异常数据排除在融合过程之外，使得融合后的数据不会因为异常数据而出现过大或过小的变化，因此信任的融合数据更趋稳定。

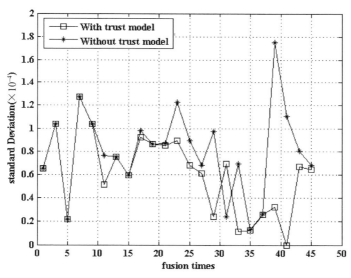

图 5.14　融合数据的比较

5.8.6　异常检测率的比较

为了评价模型对异常结点检测的效果，在此将本章模型与另外三种算法进行了比较研究。仿真结果如图 5.15 所示。图 5.15 表明，我们的模型的检出率高于其他算法，原因在于我们的模型在实现中，考虑了三个方面的因素，即数据，行为，以及历史惯性的影响，而其他模型只考虑了行为因素。

5.8.7　误警率比较

将多因素模型与 LDTS 模型在误警率上的结果进行对比，结果如图 5.16 所示。从图中可以看出，随着异常率的增加误警率会逐步降低。通过与 LDTS 模型的比较可以看出，本部分提出的多因素模型误警的比例更低。

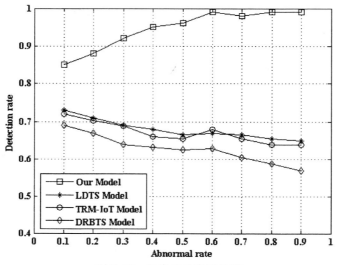

图 5.15　异常检出率的比较

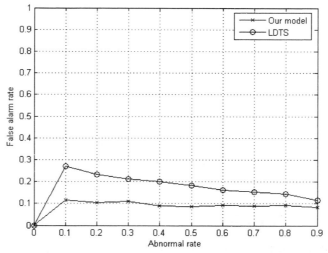

图 5.16　误警率比较

5.9　本章小结

本章提出了一种新的信任评价模型,该模型不仅充分利用了所感知的数据,同时也考虑行为和历史信任的影响。模型能够有效地对异常结点进行检测,与其他只注重行为信任的评价模型相比,本部分模型具有更高的异常检测率。此外,模型在信任值计算中采用了简单加权平均的方法,极大降低了计算复杂度,开销很小,易于部署到资源受限的应用环境。同时,可以通过信任评价模型动态地构造和更新信任列表,根据信任列表,数据融合只考虑可信结点的数据,节省了通信开销,降低了能耗。基于 OMNeT++平台进行仿真实验,实验结果表明该信任模型能更好地监测结点的状态,提高了结点的生存时间。此外,该信任模型具有较好的异常检出率。在今后的研究中,将有效地改善多源数据的融合,保障传输过程的可靠性。

本章研究成果发表在 *Sensors* 学报上,并被 SCIE 检索[132]。

第 6 章　基于交互信任的
物联网隐私保护

随着物联网的普及和发展，人与物的交互成为一种常态。而在这种交互过程中，物联网中的设备（对象）经常需要访问一些隐私敏感的数据。因此给出一种有效的保护隐私数据的安全策略，解决非法或非授权访问的问题被提上日程。本部分给出了一种基于交互信任的轻量级隐私保护方法，它通过构造信任评价模型，结合对隐私数据的分类策略，只需要简单设定阈值，就可以实现隐私数据的有效保护。而在此，如何构造信任模型，以及如何对隐私数据进行分类和阈值的选择是需要解决的问题。本部分算法的主要实现机制是借助于人与物、人与人之间的交互数据，给出了一种动态自调整的信任评价机制。通过该机制可以建立人与物之间的信任关系，并将数据根据重要性进行了分级，从而确保不同的信任关系能访问的数据不同。

6.1　问题描述与研究动机

随着物联网技术的发展，人们的生产和生活方式产生了很大改变，众多智能技术和智能设备进入了普通人的日常起居和工作学习，这使得人和物之间的交互越来越多，越来越广泛。正如我们所看到的，各种智能设备已经被应用和部署在人们身边，如果不加限制地让这些设备访问隐私数据，必然会严重影响人们的正常工作和生活，甚至带来经济损失或身体上的伤害。因此在大规模部署物联网之前必须解决隐私保护、安全、对象之间的信任等相关问题[125-128]。

对象之间的信任关系可以通过对象在交互过程中产生的数据和行为得到。有了信任值就可以通过信任值控制对隐私数据的访问权限，例如，一个未知结点试图访问某个人的隐私数据的问题，如果采用谨慎的控制策略，未知结点初始是不被信任的，根据交互行为和交互数据，不断调整其信任值，当其信任值高于所设定的阈值时，则允许访问隐私数据，而当其信任值低于合法的访问阈值时，则拒绝该未知结点的访问。而在其他的可能存在异常访问的应用场景，都可以采用此种控制机制有效保护数据的安全。

6.2　隐私保护方法的基本思路

隐私保护方法包含了三个部分，分别是信任评价模型、隐私分类和访问控制，三部分之间的逻辑关系如图 6.1 所示。其中隐私分类根据数据的重要程度对数据进行级别划分，基于此可确定在信任模型和访问控制中使用到的阈值；信任评价模型则用于确定人对交互对象的信任程度，给出综合信任取值，以此作为访问控制的基础；访问控制则通过得到的综合信任值和设定的阈值进行简单比较计算实现数据访问过程的控制。其中，信任评价模型有三种信任类别，分别是直接交互信任、朋友推荐信任和历史信任。在此，我们采用谨慎的控制策略，未知结点均被认为是不可信的，只能访问被认为不需要保护的信息或数据。为了实现对隐私数据的访问控制，在本模型中设定了三个阈值，每个阈值对应一个隐私类别。根据信任值和阈值的关系，实现结点对隐私数据的访问控制。

本模型在实现上具有如下特点：一是实现简单，易于部署在资源受限的设备上；二是信任值动态可调整，能够应对多变的应用场景。

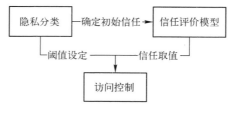

图 6.1　三个部分之间的逻辑关系

从实现机制来看，本部分的隐私保护设计可以看作一个简单的访问控制，控制的基础依赖于对象之间信任程度。信任值的计算和存储由人类随身携带的智能设备来完成。物联网中的对象仅仅参与直接交互信任的计算过程。

6.3　隐私保护方法的设计目标

本部分方法满足如下设计目标。

① 采用谨慎的控制策略，未知对象初始是不被信任的，它只能访问被设定为不需要保护的数据。因此在本模型中无论信任值如何，人与物之间都可以进行某种相互作用。随着信任度的增加，对象可以访问更多的隐私数据。

② 信任应该考虑到各种因素，不仅是相互作用过程中的信息，还要考虑到其他人的结论。同时，还应考虑到历史信任的结果，保持信任值的连续性，避免在决策过程中的过度波动。

③ 模型应该能够更好地应用到能源受限的对象中，并能方便地实现不同场景间的移植。

6.4　信任评价模型的设计

信任评价是隐私保护的基础，通过信任评价可以获得对象的信任值，有了信任值，就可以根据信任值和阈值的关系决定

哪些数据是可以被访问的。信任评价模型由三部分组成，分别
是直接交互信任、朋友推荐信任和历史信任，其基本结构如
图 6.2 所示。

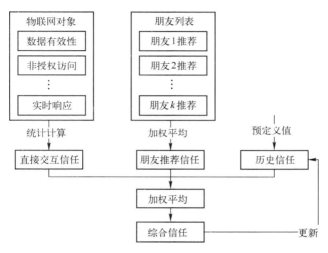

图 6.2　信任评价模型

6.4.1　直接交互信任

在此假定，人可以判定交互行为的合法性与有效性。为了
方便，我们仅考虑三种交互过程中的异常情况，分别是异常数
据、非授权访问和异常响应。

直接交互信任是在交互结束时计算的，因此当交互开始时，
确定其是否能够访问的信任值由历史信任值得到。随着交互的
不断进行，在交互过程中所产生的异常数据（请求）的次数、
非授权访问的次数和异常响应的次数会被统计记录下来，再结
合总的交互次数，就可以得到直接交互信任的计算结果。因此
直接交互信任可以反映人与物之间直接的信任关系。

设第 i 个对象和人之间通信的总数为 m，第 i 个对象无效数

据的数量为 m_d，非授权访问的数量为 m_u，未实时响应的数量为 m_{nr}。第 i 个对象的直接交互信任值为 T_i^{dit}，则直接交互信任的计算方法如公式（6.1）所示：

$$T_i^{\mathrm{dit}} = \lceil \mathrm{MAX} \times ((3-(m_d+m_u+m_{\mathrm{nr}})/m)/3) \rceil \qquad (6.1)$$

其中，MAX 是直接交互信任的最大值，该值是预先设定的。

6.4.2 朋友推荐信任

每个人都可以维护一个朋友列表。如果某人的朋友与第 i 个对象之间也存在交互关系，通过朋友列表，他就可以从该朋友处获得对第 i 个对象信任评价值。在此，我们假定某人拥有 n 个朋友，在 n 个朋友中有 k 个朋友有第 i 个对象的信任评价。第 j 个朋友对第 i 个对象的综合信任值记作 T_i^j。第 i 个对象的朋友推荐信任记作 T_i^{frt}。则朋友推荐信任可由公式（6.2）计算得到。由于朋友推荐信任作为综合信任的一部分参与综合信任的计算，因此当没有朋友时，取最大信任值。

$$T_i^{\mathrm{frt}} = \begin{cases} \left\lceil \displaystyle\sum_{j=1}^{k} \left(\frac{T_i^j}{k} \right) \right\rceil, & 0 < k \leqslant n \\ \mathrm{MAX}, & k = 0 \end{cases} \qquad (6.2)$$

6.4.3 历史信任

为了便于表示历史信任的计算规则，在此，我们引入三个阈值，分别是公用阈值（记作 $\mathrm{Th_{pub}}$），保护阈值（记作 $\mathrm{Th_{pro}}$）和私有阈值（记作 $\mathrm{Th_{pri}}$）。这三个阈值在设定时，需要满足如下条件：

$$0 < \mathrm{Th_{pub}} < \mathrm{Th_{pro}} < \mathrm{Th_{pri}} < \mathrm{MAX}$$

历史信任的初始值被设定为 H，其取值需要满足条件：$H \in [\mathrm{Th_{pub}}, \mathrm{Th_{pro}})$，并且其值会随着综合信任值的变化而更新。第 i

个对象的综合信任记作 T_i，则历史信任的可由公式（6.3）计算得到。

$$T_i^{\mathrm{ht}} = \begin{cases} H, \mathrm{initial} \\ T_i, \mathrm{other} \end{cases} \qquad (6.3)$$

在此，历史信任的初值是预先设定的 H，而在非初始情况下，其取值等于综合信任的取值。

6.4.4 综合信任

综合信任值是通过直接交互信任、朋友推荐信任和历史信任加权平均得到的。计算方法如公式（6.4）所示。

$$T_i = \lceil \alpha \times T_i^{\mathrm{dit}} + \beta \times T_i^{\mathrm{frt}} + \gamma \times T_i^{\mathrm{ht}} \rceil \qquad (6.4)$$

其中 α，β，γ 是权重因子，三个因子需满足如下条件：

$$0 \leqslant \alpha, \beta, \gamma \leqslant 1, \alpha + \beta + \gamma = 1 \qquad (6.5)$$

三个因子的取值可由用户、专家设定，或者是一个经验值。

每个对象的初始综合信任是由和该对象交互的人自行设定的，也可以采用统一的值。一般而言，其取值范围大于公用阈值并小于保护阈值，以此可以实现人和该对象之间的初始交互。

6.5 隐私分类设计

为了简单起见，在此，人的信息被分成了三个级别，分别是公用、保护和私有。具体哪些信息属于哪个级别则是由每个人自行设定的。一般而言，公用信息是不包含个人隐私数据的信息，通常它可以被所有正常的对象访问。而保护信息和私有信息则是包含了一定个人隐私数据的信息，只有特定的满足一定条件的对象才可以对其进行访问。公用信息只需在公用阈值之上即可访问。在实际应用中，用户可以根据自己的实际情况，结合个人信息的重要程度，实现隐私级别的自定义，本章算法依然可以适用。

6.6　访问控制设计

有了对象的信任值和对个人信息的分级，在人和对象进行交互的过程中，可以通过该对象的信任值和设定的相关阈值确定对数据访问权限，其确定过程如图 6.3 所示。

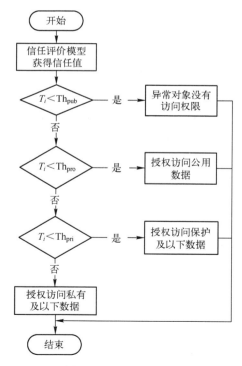

图 6.3　访问控制过程

图 6.3 中，T_i 表示对第 i 个对象的综合信任值，Th_{pub}，Th_{pro}，Th_{pri} 分别代表公用、保护和私有三个阈值。每个阈值对应一个隐私保护等级，重要度越高的数据其隐私性越强，由图可知，访问控制过程如下：

① 如果综合信任值小于公用阈值，则判定该对象为异常对象，不允许其访问所有数据；

② 如果综合信任值大于等于公用阈值小于保护阈值，则被授权访问公用数据，但不能访问保护和私有数据；

③ 如果综合信任大于私有阈值，则该对象可以访问所有数据；

④ 如果综合信任值大于等于保护阈值小于私有阈值，则授权该对象访问保护及以下级别的数据。

访问控制的此种处理机制，满足了人对该对象的信任程度越高，更多隐私数据会被访问的要求，这一点也和人类社会的人际规则是一致的。

6.7　算法的性能分析

算法中的计算规则非常简单，其开销可以忽略不计，所以主要的开销来自通信过程。算法中涉及通信的环节有两个部分，一个是信任模型中朋友推荐信任计算，需要获取其朋友的信任值，该过程中所产生的开销与拥有信任值的朋友的数量有关，其值可以记作 $O(k)$；另一个涉及通信的环节是人和对象交互过程，会涉及数据访问，在此，假定公用、保护、私有的数据量分别为 s_1，s_2，s_3，则其通信开销可记作 $O(s_1+s_2+s_3)$。而由于信任阈值的存在，在通信过程中实际进行的数据通信量要远小于数据集合，所以整体而言整个系统的开销最大是 $O(s_1+s_2+s_3)$。

6.8　仿真结果与分析

6.8.1　仿真环境和参数设置

实验环境基于 OMNeT++平台进行搭建，通过仿真平台评价模型的性能。在实验中，我们构建了一个包含 20 个对象的运行环境。在这些对象中，其中 5 个假定为人，其他 15 个是物联网中的结点对象。在整个环境中，人是可以移动，其位置会不断变化，人的交互范围是一个以给定值为半径的圆。在此设定，5个人之间是朋友关系，各自维护一个朋友列表，包含其他的人，这样 5 个人对象之间就可以互相地交换信任值。在此，信任值的交换采用了两种交换机制，即定时交换和触发交换，这样可以确保能够及时发现并判断异常对象。

6.8.2　对象分布拓扑

对象被随机分布在一个正方形的区域，每次交互设定需要进行 10 次通信。当一个交互完成时，人类对象将被随机移动到一个新位置。图 6.4 是具有 20 个对象的对象分布图。

其中，0，5，10，15，19 被设定为人，其他为物联网中的设备对象。

仿真环境的参数设定如表 6.1 所示。

表 6.1　仿真环境的参数设定

参　　数	值	参　　数	值
结点个数	20	初始能量值	0.2 J
结点分布	200 m×200 m	仿真时间上限	200 s

信任模型中的相关参数设定如表 6.2 所示。

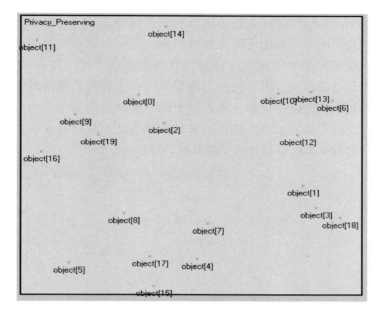

图 6.4　对象分布

表 6.2　信任模型的参数设定

参　　数	值	参　　数	值
MAX	100	n	5
$(\text{Th}_{\text{pub}}, \text{Th}_{\text{pro}}, \text{Th}_{\text{pri}})$	$(50, 70, 90)$	m	10
(α, β, γ)	$(0.3, 0.3, 0.4)$	—	—

6.8.3　信任值的变化趋势

在此,以 8 号对象为例,分析了信任值的变化趋势,结果如图 6.5 所示。

从图 6.5 可以看出,由于直接交互信任与交互行为直接相关,因此其取值具有较大的波动性。朋友推荐信任、历史信任和综合信任相对具有一定的连续性,因此其变化趋势是一致的。

由于朋友之间的信任交换采用两种交换机制来完成，在没有异常情况出现时，采用定时交换的机制，此时对象推荐信任值的计算是基于多个不同朋友推荐信任而得到的，基本变化不大，故其值是稳定的。但当结点出现异常时，由首先监测到异常的人采用触发交换的机制，将该对象的异常状态通知给所有的朋友，此时对象的推荐信任值会有较大的变化。从图 6.5 可以看出，触发交换能够较好地实现对结点异常的反馈。

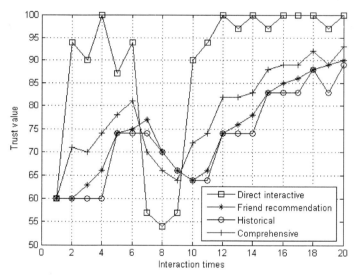

图 6.5   对象信任值的变化趋势

6.8.4   能耗的比较实验

在物联网中，主要的能耗来自对象之间的通信，引入了隐私保护方法后，可以减少对象之间，特别是人和物之间通信的数据量，从而达到降低能耗的目的。采用隐私保护方法前后，能耗比较的结果如图 6.6 所示，可以看出，在应用隐私保护方法后，能量消耗的速度降低了。

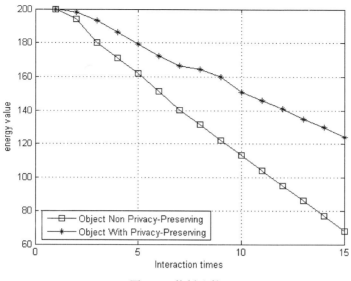

图 6.6　能耗比较

6.8.5　隐私损失的比较

　　一般而言，未经授权的访问往往会侵犯人的隐私，并由此产生诸如财产等的损失。在本部分中，为了展示隐私所带来的损失，设定了一个虚拟值，假定隐私损失的基本单位为 w，公用数据访问带来的隐私损失为 0，保护数据的非授权访问带来的隐私损失为 5，私有数据的非授权访问带来的隐私损失为 10，则在采用隐私保护方法前后的隐私损失比较如图 6.7 所示，在此我们设定每次实验中，非授权访问次数是一致的。

　　从图 6.7 可以看出，没有使用隐私保护方法时，其隐私信息会被没有任何控制的访问，因此其损失是持续稳定的，使用隐私保护方法后，会根据交互对象的信任程度确定访问的数据，虽有个别情况由于漏报等原因导致损失会比较高，但总体因非授权访问隐私数据而带来的损失大大减少。

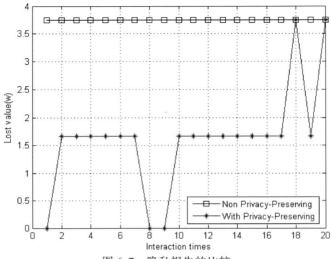

图 6.7　隐私损失的比较

6.9　本章小结

　　本章提出了一种基于交互信任的物联网隐私保护方法，实现在人与物的交互过程中对隐私数据的保护。在该方法中，利用人与物交互过程中的行为和数据，结合人的社会属性构建了信任评价模型，通过信任模型计算得到对象的信任值，并结合给定的阈值，就可以把隐私保护问题转化为简单的条件判断问题，当信任值满足一定的阈值条件时，对象可以访问对应的数据。为了更好地保护隐私数据，我们将数据划分了三个等级，以满足不同信任关系的交互需求。此外，因为信任的控制而使得交互过程中通信量的减少，从而降低了对象的能量开销。本章方法具有计算简单，通信量小，动态更新的特点，并能够及时发现异常对象，可以有效地保护隐私数据，能够较好应用于资源受限的物理环境。

　　本章研究成果发表在 *IEICE Transactions on Information and Systems* 学报上，并被 SCIE 检索[133]。

第 7 章　基于用户行为数据的信任评价方法

　　物联网的兴起，对数据存储和处理的需求增加，虽然通用的云平台在一定程度上能够满足物联网数据存储和处理的需求，但随着物联网应用的扩展和应用形式的多样化，构建专门的用于物联网数据存储的网络化平台成为必然，并且物联网数据平台必然呈现出综合化和个性化结合的方式，由此也带来物联网数据平台用户访问量的激增。为了提高物联网数据平台的安全性，及时发现异常或非法的用户，本章给出了一种基于用户行为数据的信任评价方法，该方法通过对物联网数据平台下用户的行为数据进行统计分析获得对该用户的直接信任，通过对同平台或跨平台的用户之间的交互结果获得用户的推荐信任，再结合用户的历史信任，得到综合信任值，根据综合信任值，实现用户的异常检测。仿真结果表明，该方法能够对用户进行有效的评价，并能及时发现异常用户。

7.1　问题描述

　　物联网数据的存储和处理必然需要有专门的网络化平台支撑，其具有云平台的特点，但同时又需要结合物联网的特殊需求而设定，各个物联网用户可以通过该数据平台获得其想要的服务和资源，而如何确保用户在使用该平台过程中的安全则是需要研究和解决的一个问题。虽然通过用户的登录认证机制可以在一定程度上提供一定的安全保证，但当用户信息泄露时，此种方法就无法发挥作用，因此本章提出了结合用户行为数据对物联网数据平台下的用户进行评价的模型，在该模型中我们利用用户历史行为数据构造用户可信行为集合，以此可信集合为依据得到当前用户行为的直接信任，再结合用户和同平台或跨平台的其他用户之间的交互过程，获得用户的推荐信任，根据预先设定的历史信任，采用加权平均的方法计算得到综合信任。为了能够对用户的异常行为进行更有效的控制，引入了疑似阈值和异常阈值，用于对历史信任进行惩罚调整，通过一个模拟的物联网数据平台进行仿真，验证了模型能够有效地对用户进行评价。

7.2　物联网数据平台用户行为分析

7.2.1　用户特点

物联网数据平台可看作在云平台基础上的改进和升级，其在应用中会结合具体的应用形式集成多个类型、多个应用的数据，为用户提供多功能、多层次的服务，因此相对于传统的网络平台有一些自己的特点。

（1）用户数量更加庞大

网络技术主要解决分布在不同机构的各种信息资源的共享问题。云计算则不仅能够实现资源的共享，而且能实现整合大规模可扩展的计算、存储、数据、应用等分布式计算资源进行协同工作的超级计算模式。而物联网数据平台在云平台的基础上集成物联网的特殊需求，面向更宽泛范围的用户使用，特别是对于一些具有公共属性的物联网数据平台必然需要容纳和吸引更多的用户使用。

（2）用户行为特征更加多样

数据平台不仅实现数据的存储和分析处理，其发展趋势也必然是为用户提供更多的定制化服务，满足用户的多样性需求，因此用户在使用这些服务的过程中会有更多的操作和访问行为，而这些行为的访问控制也就更加重要。

（3）安全问题更为突出

物联网数据平台在承载更多服务提供更多功能的同时，必然面临更多的安全问题，种类也更加多样，涉及服务可用性（availability of service）、数据防丢失（data lock-in）、数据保密性和可审计性（data condentiality and auditability）、数据传输瓶颈（data transfer bottlenecks）、性能不可预知性（performance un-predictability）、大规模分布式系统中的漏洞（bugs in large-scale distributed systems）、声誉共享（reputation fate sharing）、隐私性和安全性（privacy and security）、访问控制（access control）等，都与保密性和可靠性相关，同时物联网数据平台会直接和众多物联网设备通信，必然也会带来物联网设备方面的安全问题。

上述这些特点都给物联网数据平台的应用提出了新的要求和挑战，其中如何保证用户信息、数据、所享受服务的隐私和安全是非常重要的方面。

7.2.2　用户行为特征分析

物联网数据平台用户与通常的网络用户和云用户在行为特征上有相似的地方，同时也有一些新的特点，其所涉及的行为分析如下。

（1）用户登录相关的行为信息

包括登录时间、地点，登录方式，这些对于不同用户是不相同的，因此能够比较有效地对用户的行为进行表征。

（2）用户的操作习惯

包括操作的顺序、访问的资源和服务的类型、访问的频率、停留的时间等也会随用户不同而体现出不同的特点，因此也可以作为用户特征的表征内容。

（3）用户间交互行为

随着物联网的普及，用户在使用物联网时，不可避免地会需要访问相应的物联网数据平台，各个物联网数据平台之间实现网络互连和交互也会是发展的方向，这样用户在访问时，不仅是要获得平台提供的服务和资源，而且往往还需要和同平台及跨平台的用户之间进行交互和通信，在交互过程中也会产生大量可用的行为信息。

（4）用户的异常操作和行为

非法链接、尝试越权、密码尝试等也能够作为评价用户的行为特征。

所有这些都体现了一个用户的个性习惯。在使用物联网数据平台的过程中，会累积大量的用户行为数据，使用这些数据的统计结果就可以对用户的行为进行一定的评价，建立可用于用户信任评价的模型和方法，这就是本章的研究重点。

7.3　基于用户行为数据的信任评价模型

本模型以用户行为数据为依据，通过对用户行为数据的统计分析，形成用户可信行为轮廓，再用此轮廓来对用户的行为信息进行判定，从而实现对用户信任状态的更新。

7.3.1　信任评价模型设计

用户的行为特征具有多样性，虽然我们可以通过其历史行为数据获得其可信行为集合，但仅以此来判断用户行为是否异常过于武断，因此在本章中我们仅将行为集合判断作为其直接信任值（记作 T_d）的来源，再结合其历史统计信任（记作 T_h）和其他用户的推荐信任（记作 T_r）来综合评价该用户的信任状态，只有当综合信任值（记作 T_c）低于所设定的阈值时，才认定其是异常的。当然在异常结果判定之前，我们会根据信任值的变化情况对用户进行预警告知，以便用户能够及时获知自己账户的异常情况。信任评价的大致流程如图 7.1 所示。

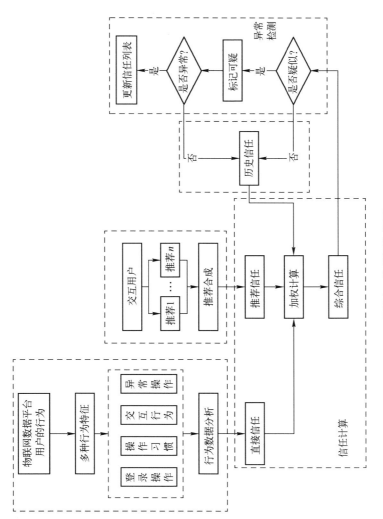

图 7.1　信任评价模型

7.3.2　用户行为数据分析

物联网数据平台中用户行为多样，类型和状态都有很多，为了便于分析，本章设定用户行为总数为 N，则用户行为可记作：

$$CB = \{ cb_i \mid i \text{ 为自然数},且 0 < i \leq N \} \tag{7.1}$$

设定第 i 个用户行为的状态有 m_i 个，则用户行为的状态集合可记作：

$$CBS = \{ cbs_j \mid j,i \text{ 为自然数},且 0 < j \leq m_i, 0 < i \leq N \} \tag{7.2}$$

确定了用户的行为集合和每个行为的状态集合，就可以展开对用户的行为数据分析，从而确定用户的可信行为轮廓。为了简化评价过程，在此用户行为的分析过程采用简单的统计方法来完成，当然分析的前提是我们假定在统计进行时，所借鉴的历史数据都是可信的，以此可信数据为依托对每个用户的行为状态进行数学统计，找到频度较大的若干个状态构成可信状态集合。如设定第 i 个用户行为的状态有 p_i 个是频繁出现的，则以 p_i 个行为状态作为此用户第 i 个行为的可信状态集，则用户的可信状态集合记作：

$$CBS^{TRUSTED} = \{ \{ cbs_j^{trusted} \}^i \mid j,i \text{ 为自然数},且 0 < j \leq p_i, 0 < i \leq N \}$$

$$\tag{7.3}$$

通过此种方法我们可以简单统计出每个用户行为的可信状态集合，而后就可以以此来设计直接信任度的取值。

当然也可以根据每一个用户行为在信任评价中的作用来确定其在计算过程中的权值，该权值可由专家通过经验设定，也可以通过优化算法优化得到，在此我们设定各个用户行为的权值为：

$$\varepsilon = \{ \varepsilon_i \mid i = 1, 2, \cdots, N \} \tag{7.4}$$

其中 $0 \leq \varepsilon_i \leq 1$，且 $\sum_{i=1}^{N} \varepsilon_i = 1$，若该行为没有出现则该行为的权值可为 0。

7.3.3 信任评价模型实现

信任评价模型包括用户行为直接信任、用户交互推荐信任、历史信任和综合信任 4 种信任类别，其中历史信任初值预先设定，综合信任由其他三种信任加权计算得到。

1. 用户行为直接信任

设定本次用户登录物联网数据平台后记录得到的行为个数为 $k(0<k\leqslant N)$ 个，通过比较得到其中有 $l \in \mathrm{CBS}^{\mathrm{TRUSTED}}$ 个属于可信集合，则直接可信度可通过如下公式计算：

$$T_{\mathrm{d}} = \left\lfloor \mathrm{MAX} \times \left(\left(l \times \sum_{i=1}^{l} \varepsilon_i \right) \Big/ (1+k) \right) \right\rfloor, \qquad (7.5)$$
$$0 < k \leqslant N, 0 \leqslant l \leqslant k$$

其中 MAX 是设定的最大直接信任度，T_{d} 取 0 至 MAX 之间的整数。

直接信任度的计算也可以采用一段时间内用户行为的统计值来进行计算，在此设定统计时间窗口 $\mathrm{Time}_{\mathrm{slidwd}}$，在此时间窗口内，设定第 i 个行为出现了 r_i 次，其中有 s_i 次属于可信集合，则直接可信度在统计时间段内的值，可按下式计算：

$$T_{\mathrm{d}} = \left\lfloor \mathrm{MAX} \times \sum_{i=1}^{N} \left(\varepsilon_i \times s_i / (1 + r_i) \right) \right\rfloor \qquad (7.6)$$

2. 用户交互推荐信任

用户在使用物联网数据平台的过程中与同平台或跨平台用户所发生的交互活动，用其成功的比例来作为推荐信任度计算的依据。

设定用户在本次登录或一段时间内，向其他用户发起交互请求的次数记作 Inter，其包含两个部分，一部分是同平台内的请求，记作 $\mathrm{Inter}^{\mathrm{inner}}$，另一部分是向其他平台的用户所发起的请求，记作 $\mathrm{Inter}^{\mathrm{outer}}$。其中内部请求成功的次数记作 $\mathrm{Inter}^{\mathrm{inner}}_{\mathrm{success}}$，向外部请求成功的次数记作 $\mathrm{Inter}^{\mathrm{outer}}_{\mathrm{success}}$，设定该用户所交互的同平

台用户数有 w 个，则推荐信任度可通过下式计算：

$$T_{r} = \left\lfloor \left(\sum_{i=1}^{w} \left(T_{ci}/w \right) \times \left(\text{Inter}_{\text{success}}^{\text{inner}}/\text{Inter}^{\text{inner}} \right) \right) + \right.$$
$$\left. \left(\text{Inter}_{\text{success}}^{\text{outer}}/\text{Inter}^{\text{outer}} \right) \right\rfloor \tag{7.7}$$

3. 综合信任

综合信任度，其取值是通过直接信任度、推荐信任度和历史信任通过一定的加权平均来获得的，其计算方法如公式（7.8）所示：

$$T_{c} = \lceil \alpha \times T_{d} + \beta \times T_{r} + \gamma \times T_{h} \rceil \tag{7.8}$$

其中，α, β, γ 是三种信任度的加权系数，其取值可由用户、专家、经验给定，范围需满足限制，$0 < \alpha, \beta, \gamma < 1$，$\alpha + \beta + \gamma = 1$。

4. 历史信任

历史信任，初始为 MAX，代表对该用户是完全信任的，其他历史信任的计算则是以上次的综合信任的取值来获得的，当然其值也会受到用户是否异常等状态的影响，设定疑似异常阈值为 Thd_{susp}，异常阈值为 Thd_{abn}，则历史信任计算如下：

$$T_{h} = \begin{cases} T_{c}, & T_{c} \geqslant \text{Thd}_{\text{susp}} \\ T_{c} - \lvert T_{c} - \text{Thd}_{\text{susp}} \rvert, & \text{Thd}_{\text{abn}} \leqslant T_{c} < \text{Thd}_{\text{susp}} \\ T_{c} - \tau \times \lvert T_{c} - \text{Thd}_{\text{abn}} \rvert, & T_{c} < \text{Thd}_{\text{abn}} \end{cases} \tag{7.9}$$

其中 τ 为惩罚系数，可调整惩罚力度。

7.3.4 异常判断

异常判断主要借助综合信任和历史信任来进行，因此本部分的任务会在两种情况下执行，一是当有用户行为产生时，根据用户行为所得的综合信任来对用户状态进行判决；二是采用定时的方式来完成，定时对历史信任进行检查，若满足异常条件也进行操作。其中，采用综合信任进行异常判断过程如

图 7.2 所示。采用历史信任与其类似，在此不再赘述。

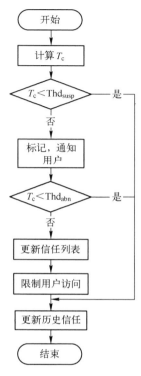

图 7.2　异常判断流程

　　本部分的异常判断分成两个级别来完成，一种是疑似，其阈值如前所设，记作Thd_{susp}；另一种为异常，其阈值记作Thd_{abn}；T_c 为综合信任值。在判断开始后，首先由信任模型得到综合信任值；然后进行综合信任和疑似阈值的比较，若大于疑似阈值，则说明用户正常，根据公式（7.9）更新历史信任，若小于疑似阈值则标记该用户可疑并告知该用户；然后再进行综合信任与异常阈值的比较，若大于异常阈值，则根据公式（7.9）更新历史信任，否则从信任列表中删除该用户，根据公式（7.9）更新历史信任。在异常判断中，也可以使用历史信任对用户状态进行判断，其基本思路与综合信任一致，只是去掉历史信任更新的环节。

此处我们仅给出了一种实现判断思路，在实际应用场景中可根据具体的应用和需求划分更多的等级。

7.4　仿真过程及分析

为了能够对本部分的模型算法进行验证，构建了一个实验物联网数据平台，在平台上部署本章算法的系统实现，通过对访问该平台的用户行为及交互的统计，实现算法的有效性分析。

7.4.1　仿真环境

本章所用的是一个实验物联网数据平台，通过该平台用户可以检索、下载、上传资源，可以向其他用户发起聊天请求和传送文件。用户为实验室内的人员，平台通过用户的用户名、密码及绑定的 IP 地址实现对用户的认证，假定每个 IP 地址的用户是固定的。也就是说，通过 IP 地址可以和某个确定的用户绑定，通过认证的用户为合法用户，可享受平台所提供的所有服务，其他用户仅仅可以获得检索的服务。

在此我们可以将用户的行为分为五个类别，第 1 类是用户认证行为，第 2 类是检索行为，第 3 类是下载行为，第 4 类是上传行为，第 5 类是交互行为。该五类行为的主要行为状态结果如表 7.1 所示，通过对用户正常状态下的行为数据进行分析统计，可以获得一组用于用户状态判定的行为状态特征。

表 7.1　用户行为的主要状态

行　　为	行为状态集合	权值	行为
用户认证行为	合法用户合法 IP；合法用户非法 IP；非法用户合法 IP；非法用户非法 IP	0.4	用户认证行为
检索行为	检索方式（单一关键字检索、组合检索、其他）、检索内容（某个特定领域、某些领域、其他）	0.2	检索行为
下载行为	下载频度（从不下载、偶尔下载、经常下载、每次都下载）、下载方式（单一下载、批量下载）、下载内容（某个特定领域、某些领域）下载类别（doc、pdf、caj）	0.2	下载行为
上传行为	上传类别（doc，pdf，caj，无）、上传频度（不上传、偶尔上传、经常上传、每次都上传）	0.2	上传行为
交互行为	发起聊天请求、发起文件传送请求	——	交互行为

7.4.2　信任分析计算

1. 直接信任计算

用户登录的行为特征如表 7.2 所示。

表 7.2　当前用户行为

行　　为	行为状态集合
用户认证行为	合法 IP 非法用户，合法 IP 合法用户
检索行为	组合检索；检索多领域的内容
下载行为	下载了内容；采用逐一下载的方式
上传行为	上传了文件
交互行为	向 B 用户发起了聊天请求并被接受，向 C 用户发送了传送文件请求但被拒绝

设定 MAX＝100，则根据公式（7.5）计算可得，直接信任度为：

$$T_d = \left\lfloor \text{MAX} \times \left(\left(l \times \sum_{i=1}^{l} \varepsilon_i \right) / (1 + k) \right) \right\rfloor$$

$$= \lfloor 100 \times (3 \times (0.4 + 0.2 + 0.2)) / 7 \rfloor = 34$$

2. 推荐信任计算

设定用户 B 和 C 的信任度分别是 80 和 90，则 A 用户的推荐信任度由公式（7.7）计算得到，计算过程如下：

$$T_r = \left\lfloor \left(\sum_{i=1}^{w} (T_{ci}/w) \times \right. \right.$$

$$\left. \left. (\text{Inter}_{\text{success}}^{\text{inner}} / \text{Inter}^{\text{inner}}) \right) + (\text{Inter}_{\text{success}}^{\text{outer}} / \text{Inter}^{\text{outer}}) \right\rfloor$$

$$= \lfloor ((80 + 90)/2) \times 0.5 \rfloor = 42$$

3. 综合信任计算

设定当前 A 的历史信任 $T_h = 90$，根据统计结果，各个信任值得权重取 $(\alpha, \beta, \gamma) = (0.2, 0.1, 0.7)$，则综合信任度根据公式（7.8）计算得到：

$$T_c = \lceil \alpha \times T_d + \beta \times T_r + \gamma \times T_h \rceil = \lceil 0.2 \times 34 + 0.1 \times 42 + 0.7 \times 90 \rceil = 74$$

4. 历史信任计算

根据统计结果，设定 $\text{Thd}_{\text{susp}} = 70$，$\text{Thd}_{\text{abn}} = 50$，则根据公式（7.9）的第 1 种情况，可更新的当前历史信任：

$$T_h = T_c = 74$$

同时根据当前计算得到的历史信任的取值，对信任列表是否需要更新进行判定，由于 $T_h > \text{Thd}_{\text{abn}}$，则信任列表不需更新。

7.5　仿真结果及分析

7.5.1　正常和异常用户综合信任的比较

初始综合信任值为最大值 100，疑似阈值设为 70，异常阈值设为 50。从图 7.3 中可以看出，正常用户的综合信任随着时间的推移会有一定的波动性，但基本大于疑似阈值，即使偶尔出现在疑似阈值以下，也会很快恢复正常状态。但是，异常用户的综合信任值下降很快，由于用户的异常行为，综合信任值很快会低于疑似阈值，然后低于异常阈值。此外，我们还发现，异常用户的综合信任恢复是非常缓慢的，即使偶尔回到正常状态，但由于行为异常，综合信任也会再次降低。

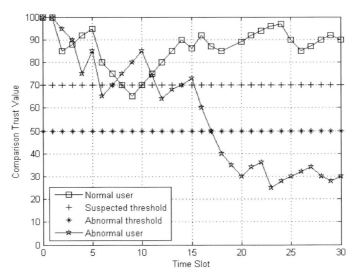

图 7.3　正常和异常用户综合信任的比较

7.5.2　信任值的变化趋势比较

图 7.4 显示了 4 种信任值的变化趋势。从图 7.4 中可以看出，当用户出现异常行为时，信任值急剧下降，并且提升速度相对较慢，从而可以确保用户被严格评价，能够提高用户信息和资源的安全性。同时，为了保持信任的连续性，增加了历史信任的权重，所以综合信任和历史信任的变化趋势具有一致性，当实验次数增加时，两者

趋于相同。

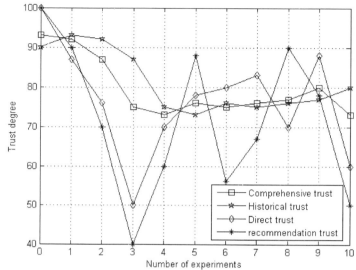

图 7.4　4 种信任值的变化趋势比较

　　直接信任和推荐信任具有临时性的特点，因此其对综合信任的影响相对较弱，从实验结果也可以看出，这两个值在整个过程中波动较大，而综合信任仍能保持稳定，采用此种策略，可以避免误报的出现。

7.5.3　不同历史信任权重综合信任的变化比较

　　从图 7.5 可以看出，在取不同历史信任权重时，综合信任有不同的趋势。当历史信任的权重值为 0.9 时，综合信任的变化相对平缓，不能反映直接信任和推荐信任的影响。当信任值的历史值为 0.5 和 0.6 时，信任的综合信任波动较大，不能体现信任值的连续性，会导致信任列表的错误更新。因此，本部分设定历史信任的权重为 0.7。

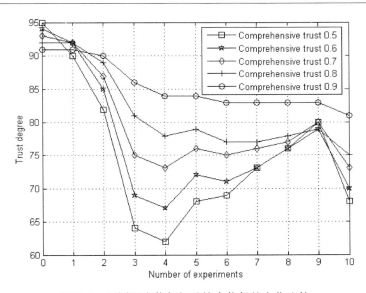

图 7.5　不同历史信任权重综合信任的变化比较

7.5.4　物联网数据平台响应时间的比较

通过近 30 天的统计分析，设定了两种场景：第一种是对用户不进行任何限制，可以对物联网数据平台进行任意的访问；第二种是采用信任评价模型，不对异常用户提供服务。从实验结果看，第一种方式，由于不对异常用户进行过滤，不仅影响了物联网数据平台的安全性，而且占用了物联网数据平台资源，降低了物联网数据平台的响应时间。而第二种方式在保证安全性的前提下，提高了物联网数据平台的响应时间。响应时间的比较结果如图 7.6 所示。

7.5.5　异常用户检出率与漏报率

通过近 30 天的运行观测，图 7.7 给出了基于用户行为数据对用户状态进行评判的异常用户检出情况和漏报情况统计，其

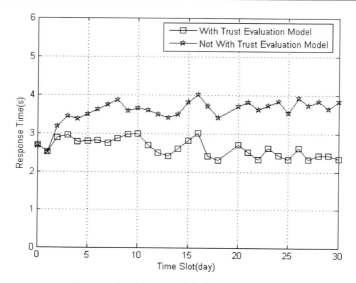

图 7.6　物联网数据平台响应时间的比较

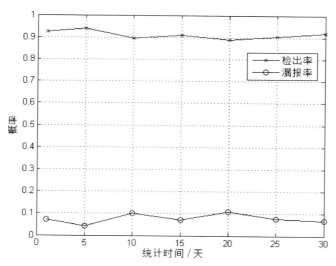

图 7.7　异常用户检出率与漏报率

中检出率是截止统计日期发现的异常用户和总异常用户的比例，漏报率是截止统计日期遗漏的异常用户和总异常用户的比例。从图中可以看出，检出率基本维持在 87% 以上，漏报率在保持在 10% 以下，体现本部分模型能够较好地对异常用户进行检测，检出率和漏报率之和达不到 100% 的取值，说明在模型使用过程中也存在一定的误警的情况。

7.6　雾霾监测数据平台应用结果统计

本章的研究内容在雾霾监测数据平台上也进行了初步的应用，该平台有各类用户 1123 个，主要的操作行为包括认证登录、检索、设置修改和交互行为，具体如表 7.3 所示。在此应用中仅对用户的行为进行了统计研究，对用户的信任评价只记录结果，不对外发布。

从表 7.3 可以看出，雾霾监测数据平台的用户行为包括了 4 种，其中用户认证行为权值较高，检索行为和设置修改行为权值较低，交互行为没有设定权值，即不将交互行为包含到直接信任的计算中去。设置修改行为因为在系统中本身已经进行了屏蔽，因此其异常概率较低，而在检索时通常会设定相应的检索区域，所以当检索其他区域的数据信息是就会产生检索异常，因此是一个高概率的事件，故二者设定了相同的权值。

在该平台上获得的 2016 年 1—12 月的行为数据的统计结果，通过对其内容的分析，发现用户认证行为异常除了 2 月和 12 月较高之外，其他月份维持在 5% 以下；检索异常发生较高，最高达到 15% 以上；设置修改异常相对较低，维持在 1.5% 以下。统计结果如图 7.8 所示。然后结合雾霾数据的分析得到，2016 年 2 月和 12 月份雾霾较严重，因此用户关注度较高，试图非授权访问的用户数量增加。同时从图 7.8 可以看出，在 2 月和 12 月的设置修改异常和检索异常也比其他时间要高，体现了用户行为与雾霾程度之间存在一定的关联性，后期将会对此进行一定的分析研究，用于能够更好地对用户的行为作出评价。

表 7.3　雾霾监测数据平台用户行为

行　　为	行为状态集合	权值	行为	方式
用户认证行为	合法用户合法 IP；合法用户非法 IP；非法用户合法 IP；非法用户非法 IP	0.4	用户认证行为	自动
检索行为	检索方式（单一关键字检索、组合检索、其他）、检索内容（某个特定区域、某些区域、其他）	0.3	检索行为	自动
设置修改行为	设置修改内容（系统参数、用户信息、雾霾数据，其他）	0.3	设置修改行为	自动
交互行为	发起聊天请求、发起文件传送请求	—	交互行为	自动

从图 7.8 可以看出，本章模型可以有效地对雾霾监测平台中的用户行为进行评价。

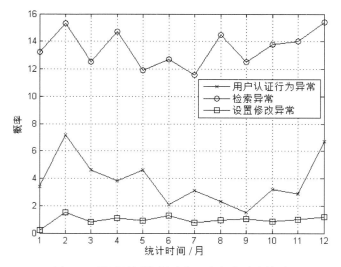

图 7.8　雾霾监测数据平台用户行为异常统计

7.7　本章小结

本章提出了一种基于物联网数据平台下基于用户行为数据的信任评估模型。在该模型中，给出了一种基于用户直接信任、推荐信任和历史信任的信任值计算方法。根据给定阈值，给出异常判断的方法和信任表更新的新机制。通过物联网数据仿真平台验证了该模型的有效性，通过多次的仿真，结果显示，其综合信任度及历史信任会随着用户行为产生比较显著的变化，特别是当用户行为异常时变化较为明显，说明本章模型能够比较有效地评价物联网数据平台用户的行为。另外，模型的引入也提高了物联网数据平台的安全性和响应时间。当然该模型在实际应用中还有若干问题有待解决，如物联网数据平台用户行为的确定，可信行为轮廓的更优化算法等，都有待进一步研究。

本章研究成果发表在 *International Journal of Distributed Sensor Networks* 学报上，并被 SCIE 检索[134]。

第 8 章　结　　论

当前，物联网技术已成为推动产业发展的核心动力，多个产业领域都出现了物联网的示范性应用，传统产业的智能化改造升级也进一步加快，全球物联网的发展进入到新的阶段。随着物联网的普及，开启了万物互联的时代，在提升人们生产、生活水平的同时，也带来了诸多的安全隐患，面临新的安全挑战。物联网应用场景的开放性使得物联网中的结点更易受到侵入、捕获、伪装和物理破坏等攻击，致使结点异常，从而也使其所感知的数据不可信，因此研究如何及时地检测结点的异常，剔除异常结点，保障感知数据的可信、降低通信规模、提高数据质量是物联网安全领域重要的研究内容。很多研究者从入侵检测、主动防御等角度进行了研究，取得了一些有效的成果，但物联网中结点资源受限的特点限制了算法的性能。信任机制可以充分利用物联网已有的信息，通过统计计算或简单的分布函数即可构建用于物联网中结点异常检测的模型，能够有效地实现结点的异常检测，保障感知数据的可信，对此，研究者也给出了一系列的研究成果，但研究内容大多只从结点的行为、链路状态、结点身份和能量监测的角度开展信任研究，而对于物联网中结点感知的直接结果——感知的数据，很少提及和利用，因此相关研究者给出的信任评价算法虽能发挥效果，但在能耗和评价效果上有较大改进和完善的空间。同时随着物联网的普及，因物联网应用而带来的隐私问题也受到了人们的关注，因此给出如何有效实现隐私保护的方法也是物联网应用必须解决的问题。而物联网数据规模和应用形式的不断多样化，使得物联网数据平台的构建也成为当下的热点，如何确保物联网数据平台中用户的异常检测也是需要面对的。

8.1 本书的主要贡献与结论

本书主要以感知数据为基础，构建了数据驱动的信任模型，并从两个角度对其进行了扩展和应用研究。一方面结合河北、天津等地对雾霾数据审查和雾霾监测点评价的实际需要，对雾霾监测点的信任评价机制进行了研究；另一方面扩展了信任框架的内涵，将行为信任、数据信任等结合起来构建了多因素的信任模型；此外，还对信任机制在物联网环境下如何实现隐私保护的方法和物联网数据平台中用户异常检测的方法进行了研究，取得了如下的成果。

1. 提出一种数据驱动的信任模型

采用简单统计的方法，充分利用感知数据完成直接信任、单元推荐信任和监督信任的计算，并结合历史信任得到综合信任值，实现了物联网中结点异常的有效检测，保障了感知数据的可信。

物联网中基于数据感知的应用非常广泛，既可以采用传感器也可以采用 RFID 读卡器，或者其他的技术形式，不管哪一种形式都存在感知结点异常或感知数据不可信的情况，而感知数据能够直观反映感知结点的状态。本书提出了数据驱动的信任模型，从感知数据出发，充分利用实时数据、历史数据和评测单元内其他感知结点的数据实现对感知结点状态的监测。同时为了提高评价的可靠性，引入了伴生结点和判决结点的概念，实现了监督信任的机制。数据驱动的信任评价模型可以实现结点异常的有效检测，保障感知数据的可靠。另外，该框架易于扩展，能够扩展到大规模部署的环境中去。

2. 提出一种雾霾感知源信任评价机制

该机制已被成功应用到雾霾监测数据审查系统，能够实现雾霾监测点的有效评价和雾霾监测数据的异常剔除。

基于数据驱动信任模型的框架结构和思路，结合雾霾监测应用的特点，提出了用于雾霾监测数据审查和雾霾监测点异常检测的信任评价机制，充分利用雾霾监测中实时数据和历史数据在一定时空范围内连续和非跳跃的特点，实现了对监测点异常的检测，确保雾霾数据的准确性，为政府环保部门制定政策和做出决策提供了可信的依据。另外，异常数据的剔除，也降低了后期数据处理的开销，提高了数据质量。

3. 提出一种多因素信任模型

在数据驱动信任模型的基础上，结合结点的行为数据，完善了信任模型的内容，使得信任模型能更准确地反映结点的状态，并使用信任评价的结果指导数据融合。多因素信任模型增加了行为信任的因素，更进一步提高了异常的检出率，可以有效监测结点的状态，保障传输数据的可靠，同时也降低了传输数据的规模，进而降低了能耗，延长了结点生命期。同时，由于各中继结点也具有感知结点的特点，因此该信任模型也对中继结点的信任评价机制进行了简要分析。

4. 提出一种基于交互信任的物联网隐私保护方法

该方法解决了在物联网应用环境下对人的个人信息非授权访问泛滥的问题。

物联网的普及，随时随地的各种感知设备的存在，使得人们的个人信息极易被获取，从而产生了隐私泄露的隐患。本书通过研究人与物和人与人交互过程中的数据和行为，构建了一种交互信任模型。该模型通过人与物的直接交互信息获取人对该对象的直接的信任评价。同时也引入了人与人之间对同一对象评价信息的交换，定义了朋友推荐信任的概念，由此可以更全面地对该对象作出评价。为了保持信任关系的连续性，也使用了历史信任，确保信任的非跳跃性。以此模型为基础，再结合对隐私数据的分级机制，构造了一种基于交互信任的物联网隐私保护方法，该方法能够较好控制人与物交互过程中访问的层次。

5. 提出一种基于用户行为数据的信任评价模型

该模型解决了物联网数据平台下，异常用户访问检测的问题，通过模拟物联网数据平台的验证分析和雾霾监测数据平台应用结果统计，该模型能够有效地对用户及用户行为进行评价。

物联网的发展与应用的普及，必将构建用于物联网数据存储与处理的物联网数据平台，而随着物联网用户数量的不断增多，物联网数据平台将会逐步成为人们日常生活中经常访问的一个数据存储和处理中心。因此，物联网数据平台在面临急剧增加的用户访问量的情况下，为了保证自身的安全，有必要对使用该平台的用户进行一定的监测，及时剔除异常用户，降低物联网数据平台的安全风险。本书基于此，给出了一种基于用户行为数据的信任评价模型，该模型预先构建可信行为集合，在监测用户实时行为信息时，结合可信行为集合，对其是否可信给出直接行为信任结果。然后通过对该用户和其他用户交互过程的监测，获得交互推荐信任的结果，结合设定的阈值，可实现用户是否异常的判定。同样，为了保持对用户评价的连续性，在此也使用了历史信任保证评价结果的非跳跃性。

8.2　进一步的工作

随着物联网应用的进一步扩展，由物联网的普及而带来的安全问题必将呈现出更多的形式，而感知数据作为物联网一个重要内容，在物联网安全问题的解决中会一直发挥作用，当然也必然会引入一些新的影响因素，为物联网的安全提供更好保障。所以，在未来的研究工作中，我们认为将在如下几个方面开展研究工作。

① 物联网应用领域的宽泛性，决定了其感知数据的多样性，对各种异构数据融合的技术及确保融合后数据可靠的保障机制，是物联网安全研究的关键问题之一。

② 物联网应用场景的开放性，使得物联网中的设备相比于传统互联网面临更多安全威胁，因此研究有效地攻击检测算法和防御机制也会是物联网的一个重要研究方向。在此方向可以充分发掘感知数据的作用，提供更为高效和通用的数据分析处理技术，为攻击检测和防御提供保障。

③ 随着车联网及各种智能终端的普及应用，研究在共享或分享数据的同时，如何保障个人的隐私，也必然是物联网应用普及过程中必须要解决的问题。而物联网所产生的大量数据，或多或少地会涉及人们的隐私信息，因此在对这些数据进行处理和分析的过程中如何能够保障隐私也是未来的一个研究热点。

参 考 文 献

［1］ 孙其博, 刘杰, 黎羴, 等. 物联网: 概念、架构与关键技术研究综述
［J］. 北京邮电大学学报, 2010, 33 (3): 1-9.

［2］ IBM. A smarter planet ［EB/OL］. 2010-02-01. http://www. ibm. com/
smarterplanet.

［3］ SAARIKKO T, WESTERGREN U H, BLOMQUIST T. The Internet of
things: are you ready for what's coming? ［J］. Business horizons, 2017,
60 (5): 667-676.

［4］ 工信部电信研究院. 物联网白皮书 2016: ［EB/OL］. http://
www. cttl. cn/data/bps/201612 /P020161226400430145512. pdf.

［5］ ALAA M, ZAIDAN A A, ZAIDAN B B, et al. A review of smart home ap-
plications based on Internet of things ［J］. Journal of network and computer
applications, 2017, 97: 48-65.

［6］ Commission of the European Communities. Internet of things: an action plan
for Europe COM (2009) 278 final ［R］, Brussels, EC publication, 2009.

［7］ TALAVERA J M, TOBÓN L E, GÓMEZ J A, et al.. Review of IoT appli-
cations in agro-industrial and environmental fields ［J］. Computers and elec-
tronics in Agriculture, 2017, 142: 283-297.

［8］ Ironpaper Growth Agency. Internet of things market statistics, 2016 ［EB/
OL］. http://www. ironpaper. com/webintel/articles/internet-of-things-
market-statistics/.

［9］ LANGNER R. Stuxnet: dissecting a cyberwarfare weapon ［J］. IEEE
security & privacy, 2011, 9 (3): 49-51.

［10］ WIKIPEDIA. 2016 Dyn Cyberattack ［EB/OL］. https://en. wikipedia. org/
wiki/2016_Dyn_ cyberattack.

［11］ PATTERSONR. How safe is your data with the IoT and smart devices ［EB/
OL］. https://www. comparitech. com/blog/information-security/iot-data-

safety-privacy-hackers/.

[12] WRIGHT A. Mapping the Internet of things [M]. New York： ACM, 2016.

[13] 信息安全与通信保密杂志社，梆梆安全研究院. 2016 物联网安全白皮书 [J]. 信息安全与通信保密, 2017 (2)：110-121.

[14] AIMAD K, HAJAR M, MDA TASSIME A, et al. Data quality in Internet of things：a state-of-the-art survey [J], Journal of network & computer applications, 2016, 73：57-81.

[15] 孟小峰，李勇，祝建华. 社会计算：大数据时代的机遇与挑战 [J]. 计算机研究与发展, 2013, 50 (12)：2483-2491.

[16] JING Q, VASILAKOS A V, WAN J, et al. Security of the Internet of things：perspectives and challenges [J]. Wireless networks, 2014, 20 (8)：2481-2501.

[17] FAN Z P, SUO W L, FENG B, et al. Trust estimation in a virtual team：a decision support method [J]. Expert systems with applications, 2011, 38 (8)：10240-10251.

[18] 路峰. 信任评估模型及其方法研究 [D]. 南京：南京理工大学, 2009.

[19] 范雯娟. 云计算环境下信任模型和框架研究 [D]. 合肥：合肥工业大学, 2014.

[20] ZUCKER L G. Production of trust：institutional sources of economic structure [J]. Research in Organizational Behavior, 1986, 8 (2)：53-11.

[21] ZHOU J, HU L, WANG F, et al. An efficient multidimensional fusion algorithm for IoT data based on partitioning [J]. Tsinghua science and technology, 2013, 18 (4)：369-378.

[22] GARCIA E, HAUSOTTE T, AMTHOR A. Bayes filter for dynamic coordinate measurements：accuracy improvment, data fusion and measurement uncertainty evaluation [J]. Measurement, 2013, 46 (9)：3737-3744.

[23] 李嘉菲，周斌，刘大有，等. 海量信息融合方法及其在状态评价中的应用 [J]. 软件学报, 2014 (9)：2026-2036.

[24] TSAI C W, LAI C F, CHIANG M C, et al. Data mining for Internet of

things: a survey [J]. IEEE communications surveys & tutorials, 2014, 16 (1): 77-97.

[25] SHVAIKO P, EUZENAT J. Ontology matching: state of the art and future challenges [J]. IEEE transactions on knowledge & data engineering, 2013, 25 (1): 158-176.

[26] GARCÍA C G, G-BUSTELO B C P, ESPADA J P, et al. Midgar: generation of heterogeneous objects interconnecting applications. A domain specific language proposal for Internet of things scenarios [J]. Computer Networks, 2014, 64 (7): 143-158.

[27] GUTWIRTH S. Privacy and the information age [M]. Rowman & Littlefield Publishers, 2001.

[28] AGRE P E, ROTENBERG M. Technology and privacy: the new landscape [M]. MIT Press, 1997.

[29] 钱萍, 吴蒙. 物联网隐私保护研究与方法综述 [J]. 计算机应用研究, 2013, 30 (1): 13-20.

[30] 周水庚, 李丰, 陶宇飞, 等. 面向数据库应用的隐私保护研究综述 [J]. 计算机学报, 2009, 32 (5): 847-861.

[31] HUBAUX J P. Security and cooperation in wireless networks: thwarting malicious and selfish behavior in the age of ubiquitous computing. Cambridge University Press, 2006.

[32] 林闯, 彭雪海. 可信网络研究 [J]. 计算机学报, 2005, 28 (5): 751-758.

[33] 林闯, 田立勤, 王元卓. 可信网络中用户行为可信的研究 [J]. 计算机研究与发展, 2008, 45 (12): 2033-2043.

[34] BETH T, BORCHERDING M, KLEIN B. Valuation of trust in open network [C] // European Symposium on Research in Computer Security, Brighton, 1994: 3-18.

[35] JØSANG A, PRESTI S L. Analyzing the relationship between risk and trust [J]. Lecture Notes in Computer Science, 2004 (2): 135-145.

[36] 周林, 刘仲英. 基于 beta 密度函数的信任模型 [J]. 数学的实践与认识, 2007, 37 (23): 8-13.

［37］唐文，陈钟．基于模糊集合理论的主观信任管理模型研究［J］．软件学报，2003，14（8）：1401-1408.

［38］SCHMIDT S, STEELE R, DILLON T S, et al. Fuzzy trust evaluation and credibility development in multi-agent systems［J］. Applied Soft Computing, 2007, 7（2）：492-505.

［39］徐兰芳，胡怀飞，桑子夏，等．基于灰色系统理论的信誉报告机制［J］．软件学报，2007，18（7）：1730-1737.

［40］张仕斌，许春香．基于云模型的信任评估方法研究［J］，计算机学报，2013，36（2）：422-431.

［41］王守信，张莉，李鹤松．一种基于云模型的主观信任评价方法［J］．软件学报，2010，21（6）：1341-1352.

［42］黄海生，王汝传．基于隶属云理论的主观信任评估模型研究［J］．通信学报，2008，29（4）：13-19.

［43］ZHAO K, GE L. A survey on the Internet of things security［C］//Ninth international conference on computational intelligence and security. IEEE, 2013：663-667.

［44］DAS A, BORISOV N, CAESAR M. Do you hear what I hear?: fingerprinting smart devices through embedded acoustic components［C］//ACM sigsac conference on computer and communications security. ACM, 2014：441-452.

［45］VASYLTSOV I, LEE S. Entropy extraction from bio-signals in healthcare IoT［C］//Proceedings of the 1st ACM workshop on IoT privacy, trust, and security. ACM, 2015：11-17.

［46］LIU X Y, ZHOU Z, DIAO W R, et al. When good becomes evil: keystroke inference with smartwatch［C］//ACM sigsac conference on computer and communications security. ACM, 2015：1273-1285.

［47］ZHU S C, SETIA S, JAJODIA S. LEAP+: Efficient security mechanisms for large - scale distributed sensor networks［J］. ACM transactions on sensor networks, 2006, 2（4）：500-528.

［48］HAN K, LUO J, LIU Y, et al. Algorithm design for data communications in duty-cycled wireless sensor networks: a survey［J］. Communications magazine IEEE, 2013, 51 (7): 107-113.

[49] LI M, LI Z S, VASILAKOS A V. A survey on topology control in wireless sensor networks: taxonomy, comparative study, and open issues [J]. Proceedings of the IEEE, 2013, 101 (12): 2538-2557.

[50] GUO F C, MU Y, SUSILO W, et al. CP-ABE with constant-size keys for lightweight devices [J]. Information forensics & security IEEE transactions on, 2014, 9 (5): 763-771.

[51] ARORA D, AARAJ N, RAGHUNATHAN A, et al. INVISIOS: a lightweight, minimally intrusive secure execution environment [J]. ACM Transactions on Embedded Computing Systems, 2012, 11 (3): 60.

[52] HELLAOUI H, KOUDIL M. Bird flocking congestion control for CoAP/RPL/6LoWPAN networks [C]//the Workshop on IoT Challenges in Mobile and Industrial Systems. ACM, 2015: 25-30.

[53] BERGADANO F, CAVAGNINO D, CRISPO B. Individual single source authentication on the MBONE [C]//IEEE International Conference on Multimedia and Expo. IEEE, 2000: 541-544 vol. 1.

[54] JAEWOOK J, JIYE K, YOUNSUNG C, et al. An anonymous user authentication and key agreement scheme based on a symmetric cryptosystem in wireless sensor networks [J]. Sensors, 2016, 16 (8): 1299.

[55] FARASH M S, TURKANOVIĆM, KUMARI S, et al. An efficient user authentication and key agreement scheme for heterogeneous wireless sensor network tailored for the Internet of things environment [J]. Ad Hoc Networks, 2015, 36 (P1): 152-176.

[56] SULTANA S, GHINITA G, BERTINO E, et al. A lightweight secure provenance scheme for wireless sensor networks [C]//IEEE International Conference on Parallel and Distributed Systems. IEEE, 2013: 101-108.

[57] SAIED Y B, OLIVEREAU A, ZEGHLACHE D, et al. Lightweight collaborative key establishment scheme for the Internet of things [J]. Computer Networks, 2014, 64 (7): 273-295.

[58] SZALACHOWSKI P, PERRIG A. Lightweight protection of group content distribution [C]//ACM Workshop on IoT Privacy, Trust, and Security.

ACM, 2015: 35-42.

[59] LAVANYA M, NATARAJAN V. Lightweight key agreement protocol for IoT based on IKEv2 [J]. Computers & electrical engineering, 2017, 64: 273-295.

[60] RAZA S, HELGASON T, PAPADIMITRATOS P, et al. Secure Sense: end-to-end secure communication architecture for the cloud – connected Internet of things [J]. Future generation computer systems, 2017, 77: 40-51.

[61] YAQOOB I, HASHEM I A T, MEHMOOD Y, et al. Enabling communication technologies for Smart Cities [J]. IEEE communications magazine, 2017, 55 (1): 112-120.

[62] LU Z, WANG W Y, WANG C. Camouflage traffic: minimizing message delay for smart grid applications under jamming [J]. IEEE transactions on dependable & secure computing, 2015, 12 (1): 31-44.

[63] KRÄMER M, ASPINALL D, WOLTERS M. Weighing in ehealth security [C]//ACM sigsac conference on computer and communications security. ACM, 2016: 1832-1834.

[64] RUBIN A D. Taking two-factor to the next level: protecting online poker, banking, healthcare and other applications [C]//Proceedings of the 30th annual computer security applications conference. ACM, 2014: 1-5.

[65] BISELLI A, FRANZ E. Protection of consumer data in the smart grid compliant with the german smart metering guideline [C]//ACM workshop on smart energy grid security. ACM, 2013: 41-52.

[66] ERKIN Z, VEUGEN T. Privacy enhanced personal services for smart grids [C]//ACM workshop on smart energy grid security. ACM, 2014: 7-12.

[67] COPOS B, LEVITT K, BISHOP M, et al. Is anybody home? Inferring activity from smart home network traffic [C]//Security and privacy workshops. IEEE, 2016: 245-251.

[68] FERNANDES E, PAUPORE J, RAHMATI A, et al. Flow fence: practical data protection for emerging IoT application frameworks [C]//25th USENIX security symp. (USENIX Security 16), 2016: 531-548.

[69] YU T L, SEKAR V, SESHAN S, et al. Handling a trillion (unfixable)

flaws on a billion devices: rethinking network security for the Internet-of-things [C]//ACM workshop on hot topics in networks. ACM, 2015: 5.

[70] Hewlett Packard Enterprise. HealthcareRx: how technology and IoT can help fix a broken system [EB/OL]. [2017 - 05 - 09]. https://in-sights. hpe. com/reports/healthcare-rx-how-technology-and-iot-can-help-fix-a-broken-system-1701.

[71] 董晓蕾. 物联网隐私保护研究进展 [J]. 计算机研究与发展, 2015, 52 (10): 2341-2352.

[72] HENRY N L, PAUL N R, MCFARLANE N. Using bowel sounds to create a forensically – aware insulin pump system [C]//Usenix Conference on Safety, Security, Privacy and Interoperability of Health Information Technologies. USENIX Association, 2013: 8-8.

[73] HARTENSTEIN H, LABERTEAUX K P. A tutorial survey on vehicular Ad Hoc networks [J]. IEEE Communications Magazine, 2008, 46 (6): 164-171.

[74] RADU A I, GARCIA F D, LEI A. A lightweight authentication protocol for CAN [C]//European Symposium on Research in Computer Security. Springer International Publishing, 2016: 283-300.

[75] WANG L H, NOJIMA R, MORIAI S. A secure automobile information sharing system [C]//ACM workshop on IoT privacy, trust, and security. ACM, 2015: 19-26.

[76] BÁRBARA V, ERIK P. A security protocol for information–centric networking in smart grids [J]. Segs Proceedings of the First Acm Workshop on Smart Energy Grid Security, 2013: 1-10.

[77] CARDENAS A A, AMIN S, SASTRY S. Secure control: towards survivable Cyber–physical systems [C]//The international conference on distributed computing systems workshops. IEEE computer society, 2008: 495-500.

[78] HENRY M H, ZARET D R, CARR J R, et al. Cyber risk in industrial control systems [M]//Cyber–security of SCADA and other industrial control systems. springer international publishing, 2016.

［79］ COSTIN A. Security of CCTV and video surveillance systems: threats, vulnerabilities, attacks, and mitigations ［C］//International workshop on trustworthy embedded devices. ACM, 2016: 45-54.

［80］ LINE M B, ZAND A, STRINGHINI G, et al. Targeted attacks against industrial control systems: is the power industry prepared? ［C］//The workshop on smart energy grid security. ACM, 2014: 13-22.

［81］ NEISSE R, STERI G, FOVINO I N, et al. SecKit: a model-based security toolkit for the Internet of things ［J］. Computers & security, 2015, 54: 60 -76.

［82］ 荆琦, 唐礼勇, 陈钟. 无线传感器网络中的信任管理研究 ［J］. 软件学报, 2008, 19 (7): 1716-1730.

［83］ YAN Z, ZHANG P, VASILAKOS A V. Survey on trust management for Internet of things ［J］. network and computer applications. 2014, 42: 120-134.

［84］ FANG W D, ZHANG C L, SHI Z D, et al. BTRES: Beta-based trust and reputation evaluation system for wireless sensor networks ［J］. Network and computer applications, 2016, 59: 88-94.

［85］ 张琳, 刘婧文, 王汝传, 等. 基于改进 D-S 证据理论的信任评估模型 ［J］. 通信学报, 2013 (7): 167-173.

［86］ SRINIVASAN A, TEITELBAUM J, WU J. DRBTS: distributed reputation-based beacon trust system ［C］//IEEE International Symposium on Dependable, Autonomic and Secure Computing. IEEE, 2006: 277-283.

［87］ CHEN D, CHANG G R, SUN D W, et al. TRM-IoT: a trust management model based on fuzzy reputation for Internet of things ［J］. Computer science & information systems, 2011, 8 (4): 1207-1228.

［88］ ALNASSER A, SUN H. A fuzzy logic trust model for secure routing in smart grid networks ［J］. IEEE Access, 2017, 5: 17896-17903.

［89］ LI X Y, ZHOU F, DU J P. LDTS: a lightweight and dependable trust system for clustered wireless sensor networks ［J］. IEEE Transactions on Information Forensics and Security. 2013, 8: 924-935.

［90］ 范存群, 王尚广, 孙其博, 等. 基于能量监测的传感器信任评估方法研究 ［J］. 电子学报, 2013, 41 (4): 646-651.

[91] DUAN J Q, GAO D Y, YANG D, et al. An energy-aware trust derivation scheme with game theoretic approach in wireless sensor networks for IoT applications [J]. IEEE Internet of Things journal, 2014, 1 (1): 58-69.

[92] 姚雷, 王东豪, 梁璇, 等. 无线传感器网络多层次模糊信任模型研究 [J]. 仪器仪表学报, 2014, 35 (7): 1606-1613.

[93] GU L, WANG J P, SUN B. Trust management mechanism for Internet of things [J]. China communications, 2014, 11 (2): 148-156.

[94] HAN G J, JIANG J F, SHU L, et al. An attack-resistant trust model based on multidimensional trust metrics in underwater acoustic sensor network [J]. IEEE transactions on mobile computing, 2015, 14 (12): 2447-2459.

[95] JIANG J F, HAN G J, WANG F, et al. An efficient distributed trust model for wireless sensor networks [J]. IEEE transactions on parallel & distributed systems, 2016, 26 (5): 1228-1237.

[96] SOLEYMANI S A, ABDULLAH A H, ZAREEI M, et al. A secure trust model based on fuzzy logic in vehicular Ad Hoc networks with fog computing [J]. IEEE Access, 2017, 5: 15619-15629.

[97] JIANG J F, HAN G J, SHU L, et al. A trust model based on cloud theory in underwater acoustic sensor networks [J]. IEEE transactions on industrial informatics, 2017, 13 (1): 342-350.

[98] GUO J J, MA J F, WAN T. A mutual evaluation based trust management method for wireless sensor networks [J]. Chinese journal of electronics, 2017, 26 (2): 407-415.

[99] REDDY V B, VENKATARAMAN S, NEGI A. Communication and data trust for wireless sensor networks using D-S theory [J]. IEEE Sensors Journal, 2017, 17 (12): 3921-3929.

[100] ZHANG B, HUANG Z H, XIANG Y. A novel multiple-level trust management framework for wireless sensor networks [J]. Computer networks, 2014, 72: 45-61.

[101] GANERIWAL S, BALZANO L K, SRIVASTAVA M B. Reputation-based framework for high integrity sensor networks [J]. AcM transactions on

sensor networks, 2008, 4（3）: 1-37.

［102］DHULIPALA V R S, KARTHIK N, CHANDRASEKARAN R. A novel heuristic approach based trust worthy architecture for wireless sensor networks［J］. Wireless personal communications an international journal, 2013, 70（1）: 189-205.

［103］肖德琴, 冯健昭, 周权, 等. 基于高斯分布的传感器网络信誉模型［J］. 通信学报, 2008, 29（3）: 47-53.

［104］SAHOO S S, SARDAR A R, SINGH M, et al. A bio-inspired and trust based approach for clustering in WSN［J］. Natural computing, 2015, 1-12.

［105］ZHOU A, LI J L, SUN Q B, et al. A security authentication method based on trust evaluation in VANETs［J］. EURASIP journal on wireless communications and networking, 2015, 59: 2-8.

［106］LABRAOUI N, GUEROUI M, SEKHRI L A. Risk－aware reputation－based trust management in wireless sensor networks［J］. Wireless personal communications, 2015, 1-19.

［107］RAMOS A, FILHO R H. Sensor data security level estimation scheme for wireless sensor networks［J］. Sensors, 2015, 15（1）: 2104-2136.

［108］刘宴兵, 龚雪红, 冯艳芬. 基于物联网结点行为检测的信任评估方法［J］. 通信学报, 2014, 35（5）: 8-15.

［109］佟为明, 梁建权, 卢雷, 等. 基于结点信任值的 WSNs 入侵检测方案［J］. 系统工程与电子技术, 2015, 37（7）: 1644-1649.

［110］魏琴芳, 程利娜, 付俊, 等. Josang 信任模型的物联网感知层安全数据融合方法［J］. 重庆邮电大学学报（自然科学版）, 2016, 28（6）: 876-882.

［111］ALCAIDE A, PALOMAR E, MONTERO － CASTILLO J, et al. Anonymous authentication for privacy－preserving IoT target－driven applications［J］. Computers & security, 2013, 37（9）: 111-123.

［112］LIN X J, SUN L, QU H P. Insecurity of an anonymous authentication for privacy-preserving IoT target-driven applications［J］. Computers & security, 2015, 48（9）: 142-149.

[113] GONZÁLEZ-MANZANO L, FUENTES J M D, PASTRANA S, et al. PAg IoT: privacy-preserving aggregation protocol for Internet of things [J]. Journal of Network & Computer Applications, 2016, 71: 59-71.

[114] MALINA L, HAJNY J, FUJDIAK R, et al. On perspective of security and privacy-preserving solutions in the Internet of things [J]. Computer Networks, 2016, 102: 83-95.

[115] CHATZIGIANNAKIS I, VITALETTI A, PYRGELIS A. A privacy-preserving smart parking system using an IoT elliptic curve based security platform [J]. Computer Communications, 2016, 89-90: 165-177.

[116] SICARI S, RIZZARDI A, GRIECO L A, et al. Security, privacy and trust in Internet of things: the road ahead [J]. Computer Networks, 2015, 76: 146-164.

[117] ELMAGHRABY A S, LOSAVIO M M. Cyber security challenges in smart cities: safety, security and privacy [J]. Journal of Advanced Research, 2014, 5 (4): 491-497.

[118] KANG K, PANG Z B, WANG C. Security and privacy mechanism for health Internet of things [J]. Journal of china universities of posts & telecommunications, 2013, 20 (13): 64-68.

[119] SAMANI A, GHENNIWA H H, WAHAISHI A. Privacy in Internet of things: a model and protection framework [J]. Procedia computer science, 2015, 52 (538): 606-613.

[120] GU Y H. An automatically privacy setting algorithm based on Rasch model [J]. Journal of china universities of posts & telecommunications, 2013, 20 (13): 17-20.

[121] ZHANG B, LIU C H, LU J Y, et al. Privacy-preserving QoI-aware participant coordination for mobile crowdsourcing [J]. Computer networks, 2016, 101: 29-41.

[122] BOHLI J M, PAPADIMITRATOS P, VERARDI D, et al. Resilient data aggregation for unattended WSNs [C]//IEEE conference on local computer networks. IEEE, 2011: 994-1002.

[123] LIU X W, YU J G, WANG M L. Network security situation generation

and evaluation based on heterogeneous sensor fusion [C]//International conference on wireless communications, Networking and mobile computing. 2009: 1-4.

[124] VOIGT T, DUNKELS A, ALONSO J, et al. Solar-aware clustering in wireless sensor networks [C]//Proceedings of 9th international symposium on computers and communications. ISCC. 2004: 238-243.

[125] MIORANDI D, SICARI S, PELLEGRINI F D, et al. Internet of things: vision, applications and research challenges [J]. Ad Hoc networks, 2012, 10 (7): 1497-1516.

[126] BORGIA E. The Internet of things vision: key features, applications and open issues [J]. Computer communications, 2014, 54: 1-31.

[127] ROMAN R, ZHOU J Y, LOPEZ J. On the features and challenges of security and privacy in distributed Internet of things [J]. Computer networks, 2013, 57 (10): 2266-2279.

[128] FENG W, YAN Z, ZHANG H R, et al. A survey on security, privacy and trust in mobile crowdsourcing [J]. IEEE Internet of things journal, 2017, PP (99): 1-1.

[129] CHEN Z G, TIAN L Q, LIN C. A method for detection of anomaly node in IoT [M]//Algorithms and architectures for parallel processing. Springer International Publishing, 2015: 777-784.

[130] 陈振国, 田立勤, 林闯. 基于感知源信任评价的物联网数据可靠保障模型 [J]. 中国科学技术大学学报, 2017, 47 (4): 297-303.

[131] 陈振国, 田立勤. 信任模型在雾霾感知源评价中的应用 [J]. 计算机应用, 2016, 36 (2): 472-477.

[132] CHEN Z G, TIAN L Q, LIN C. Trust model of wireless sensor networks and its Application in data fusion [J]. Sensors, 2017, 17 (4).

[133] CHEN Z G, TIAN L Q. Privacy-preserving model of IoT based trust evaluation [J]. Ieice transactions on information & systems, 2017, 100 (2): 371-374.

[134] CHEN Z G, TIAN L Q, LIN C. Trust evaluation model of cloud user based on behavior data [J]. International journal of distributed sensor networks, 2018, 14 (5).